Gedichte

Von

Prinz Emil von Schoenaich-Carolath

Siebente und achte Auflage

Leipzig
G. J. Göschen'sche Verlagshandlung
1911

Spamersche Buchdruckerei in Leipzig

Inhalt

Aus der Jugendzeit

I.

Nun schwellen die roten Rosen,
Nun hab' ich im Lenzgelüst,
In Jubel und Windestosen
Mein schauerndes Lieb geküßt.

Es liegt ein Traum auf der Heide,
Am Rain webt Sommerduft,
Es rauscht aus goldnem Getreide
Die Lerche hoch in die Luft.

O nimm auf deinen Schwingen,
Glückzitternde Pilgerin,
Mein Herz voll Jubel und Singen
Mit dir zum Himmel hin.

II.

Gedenkst du, mein Lieb, der Zeiten,
Da sehnend das Herz uns schwoll,
Wenn fern aus Wäldern und Weiten
Der Ruf des Kuckucks scholl?

Das waren die Zeiten der Träume,
Da gingen wir Hand in Hand,
Es stob durch die rauschenden Bäume
Der Sommerwind singend ins Land.

Du redetest süß aufs neue
Von Lenzen, die nicht vergehn,
Von Hoffnung und Frauentreue,
Von Wandern und Wiedersehn.

Nun sind verschwunden die Tage
Der Jugend, der Rosenpracht,
Da du mir selige Sage
Ins gläubige Herz gelacht.

Und längst verschollen, verklungen
Ist unserer Lenze Spur,
Denn was dein Mund einst gesungen,
Es war ein Märchen nur.

III.

Waldvogel über der Heide,
Der klagend die Heimat mied,
Ich glaube, wir beide, wir beide
Haben dasselbe Lied.

Dir hat ein Sturm aus Norden
Zerstört das heimische Nest;
Auch mir ist entrissen worden,
Was mein ich wähnte so fest.

Wir wollen zusammen singen
Das Lied vom verlornen Glück,
Und wollen uns weiter schwingen
Und nimmer kehren zurück.

IV.

Die Rosen blühten, du stilles Kind,
Zum ersten Male. Wir waren
Im Garten allein, es spielte der Wind
Mit deinen goldbraunen Haaren.

Und eine Locke flog leicht zurück,
Ich haschte sie, als wir gingen,
Da war es, als hielt' ich das Glück, das Glück
Fest an den goldnen Schwingen.

Da glaubt' ich, es bliebe nun immerdar
Mein eigen, was ich genommen,
Es würde mein Leben sonnenklar —
Wie ist es anders gekommen.

Ein Junitag nun wieder lacht,
Ein Tag voll Duft und voll Schimmer,
Die Rosen blühn in tiefer Pracht,
Doch du gingst fort für immer.

Der Stern des Glücks versank im Land,
Und über den Hoffnungsmüden
Zog eine schmale Nonnenhand
Betend ein Kreuz im Süden.

V.

Es ragt die Stadt, am Strom gelegen,
Das Endziel meiner Wanderfahrt,
Auf allen bunten Erdenwegen
Hab' ich kein Scherflein Glück erspart.

Mir lebt ein Lieb, das ich verlassen,
Bis heim ich käm', die Taschen schwer;
Nun pfeift der Tauwind durch die Gassen
Ein Lied von schlimmer Wiederkehr.

Es gab ein hartes Wandern heute,
Breit schwoll der Strom, fern lag die Stadt;
Der Regen saust, es sagen die Leute,
Daß mich mein Lieb vergessen hat.

VI.

Die Welle rinnt,
Der Frühling spinnt
Goldfäden durch den Wald,
Und träumend zieht,
Auf den Lippen ein Lied,
Der Liebsten Huldgestalt.

Ihr Blondhaar fliegt,
Der Wind es wiegt
Im Sonnengold wie einst.
Mein Herz, hab Ruh';
Was ist's, das du
Erhoffst noch und vermeinst?

Durch brütenden Hag
Im Hochmittag
Ein Windstoß raunt: Du Tor —
Nie kehrt zurück
Ein großes Glück
Dem, der es einst verlor.

Im Waldesgrund
Mit zuckendem Mund
Möcht' stürzen ich, schluchzend laut,
Zu Füßen ihr,
Die heilig mir
Und längst eines andern Braut.

VII.

Es fragt die Welt, warum ich gut dir bliebe,
Sie tadelt mich, sie redet hart darum,
Du selber spottest über meine Liebe
Und sagst, sie sei vergeblich Martertum.

Wer prahlte gern mit früh verlornem Glücke?
Ach, daß mein Herz für immer spannen soll
Den Lebensglanz um eine dunkle Lücke,
Bleibt ein Gesetz, starr und verhängnisvoll.

So schließt sich fest um eine leere Stelle
Unwandelbar der goldgefügte Ring,
Daraus der Stein, der edle, wunderhelle,
Gelöst ward und im Staub verloren ging.

VIII.

Wenn nachts ich durch die Gassen geh',
Durch all die Gassen g'rad' und krumm,
Wenn ich mein Haus so dunkel seh',
Ich kehrte gern des Weges um.

Den Treppengang steig' ich hinauf
Und mache mühsam tappend Licht,
Und stoße wild die Türen auf;
Ich weiß ja doch, ich störe nicht.

Dort wacht kein Wesen, das mich liebt,
Kein Lichtlein winkt, kein Lämpchen scheint;
Kein Hund, der mir die Pfote gibt,
Der's gut und ehrlich mit mir meint.

Mich friert. Ich weiß, bald kommt die Zeit,
Daß man mich tragen wird hinaus
Ohn' Klang und ohne Grabgeleit
Aus meinem allzu stillen Haus.

IX.

Einmal noch sage, daß du mich liebst,
Sag es mit lachender Ungeduld,
Einmal noch sage, daß du vergibst
Sternensehnsucht und Zweifelsschuld.

Laß mich noch einmal ans Herz dich ziehn,
Laß mich dein Blondhaar küssend wirrn,
Drücke den welken Strauß von Jasmin
Länger und fester an meine Stirn.

Weißt du, warum sein Duft verloht
Sinnverzehrend, verschwendungstoll,
Weißt du, warum das Abendrot
Schmetternder Amselstimmen voll?

Einmal noch strahlen am Wendetag
Lebenssonnen ihr tiefstes Licht,
Einmal, noch einmal im Jubelschlag
Glaubt dir mein Herz, und lacht, und bricht.

X.

Es graut der Morgen, die Hähne schrein,
Ein wilder Traum treibt mich empor,
Was ward aus dir, wo magst du sein,
Du fernes Lieb, das ich verlor?

Ich sah dich tanzen in Festgewirr,
Es schluchzten die Geigen süß und toll,
Doch deine Blicke strahlten irr,
Entsetzensvoll, entsetzensvoll.

Wohl krönte Rubinschmuck dein weiches Haar
Mit zuckendem, gleißendem Edelrot,
Ein Lachen auf deinen Lippen war,
Doch dir im Herzen saß der Tod.

Du mußtest tanzen, du rastest fort,
In fremden Arm gepreßt, verglüht,
Der Hochzeitsstrauß hing schwül, verdorrt,
Von deinen Tränen übersprüht.

Da brach ein Windstoß jäh herein,
Mein Zimmer starrt verödet, weit;
Es graut der Morgen, die Hähne schrein,
Ich hab' dich verloren in Ewigkeit.

XI.

Es saßen in finstrer Novembernacht
Drei Ritter, die wild zu zechen gedacht.

Das Scheitholz krachte tief im Kamin,
Im Becher lachte der Wein von Valtlin.

Der erste sprach: Mein Lieb ist hold,
Doch hängt ihr Herz an Prunk und Gold;

Käm' ihr ein Graf, sie ließe mich
Um Gut und Ehren leicht im Stich.

Der zweite rief, und rief's nicht laut:
Mein Lieb ist eines andern Braut.

Sie bot mir Treu', das Ringlein sprang,
Sie brach den Schwur, das Spiel mißlang.

Bald windet mir den Hochzeitsstrauß
Gevatter Tod; das Lied ist aus.

Der dritte nahm sein Glas zur Hand
Und hob es frisch zum Lippenrand:

Noch bleib mir fern, Gevatter Tod,
Mir lacht das Leben scharlachrot.

Viel Frauen gibt es, Stern an Stern,
Die allerschönste freit' ich gern.

Es rinnt die Nacht, der Morgen klart,
Ein treues Weib — dem gilt die Fahrt.

Laßt uns durchziehn der Erde Rund,
Bis wir getan den großen Fund.

Sie gingen. Ein trübes Märlein weiß,
Daß sie gesucht mit Müh' und Fleiß.

Sie gingen, und von den Rittern drei'n
Soll keiner zurückgekehret sein.

XII.

Lied des Narren.

Frauen gibt's nicht. Mein Ritter, schau:
Es gibt nur eine einzige Frau;
In Lebenswinden
Gibt es nur eine Melodie,
Und das ist sie,
Die wir nicht finden.

XIII.

O zittre nicht vor jenem Weh,
Das heiß aus meinen Liedern bricht,
Wenn ich dir tief ins Auge seh',
Wird meine Seele still und licht.

Mir ist, als müßt' ich wehmutweich
Zu deinen Füßen sinken hin,
Und sprechen: Du bist fromm und reich,
Vergib mir, daß ich elend bin.

XIV.

Es gehn vom Campanile
Die Glocken bang und matt,
Dem Frühlingssturm zum Spiele
Ward die Lagunenstadt.

Stoß ab von der Piazzetta,
Mein wackrer Schiffersmann,
Führ mich zu Luisetta,
Leg tausend Ruder an.

Sorg nicht, daß im Canale
Die hohle Sturzsee grollt,
Noch daß die Flut, die fahle,
Auf Marmorstufen rollt.

Sorg nicht, daß von den Türmen
Der Warnungswimpel fliegt;
Die Jugend trotzt den Stürmen,
Die Liebe wagt und siegt.

XV.

Du melancholisches Römerkind,
Wie könnt' ich je vergessen,
Daß deine Augen dunkler sind
Als schwarze Südlandszypressen,

Daß deine Lippe heißer küßt
Als Latiums Mittagssonne,
Und daß du leuchtest in süßem Gelüst,
In Jugend, in Herzenswonne?

Doch siehe, schon sind verblüht und blaß
Die Rosen der Romagna,
Im Herbstwind säuselt das welke Gras,
Umbräunt liegt die Campagna.

Ein Hauch weht über das welsche Meer
So kühl wie Schneegetriebe;
Nun wird das Herz mir trüb und schwer
Von alter, von erster Liebe.

In Blüten steht, auf welscher Flur,
Jahraus jahrein der Flieder;
Das deutsche Herz treibt dunkle Spur,
Blüht einmal und nicht wieder.

Ein Rausch, ein süßer Sonnenstich
War deiner Liebe Gabe,
Und nur im Traum gemahnt es mich,
Daß ich geküßt dich habe.

Rasch trocknet der spielende Südlandswind
Die regennassen Zypressen;
Mein melancholisches Römerkind,
Du wirst mich früh vergessen.

XVI.

Es rollt so träge das graue Meer,
Der Mond wird trüber und trüber,
Die Sterne sanken, von Capri her
Zieht ein Gewitter herüber.

Nachtfalter flattern mit leisem Geschwirr
Um unsre bunte Laterne,
Durch der Veranda Rankengewirr
Stößt Südwind aus schwüler Ferne.

Vergebt, daß der Falernerwein
Verperlt in den Kristallen,
Vergebt, daß Jugendträumerein
Beim Festmahl mich befallen.

Ihr sangt in heimatlichem Chor
Vom Mühlrad im kühlen Grunde;
Nun klingt das alte Lied im Ohr,
Das Scherzwort stirbt im Munde.

Spät ist's, der rechte Frohsinn schied;
Wie konnte das geschehen?
Im fremden Lande das deutsche Lied.
Kommt, laßt uns schlafen gehen.

XVII.

Einst lag im Lande Frühlingsschein,
Voll seliger Vergessenheit
Durchstreiften träumend wir, zu zwei'n,
Des heil'gen Hochwalds Einsamkeit.

Um unsre Stirnen wob das Glück
Sein Sonnenleuchten unbewußt,
Sie strich die Locken sacht zurück
Und barg das Haupt an meiner Brust.

Ein Jagdhorn rief im Maienwald,
Und rastlos fern der Kuckuck sang;
Sie sprach: Wir sind zu Hause bald,
Wie war der Weg so wenig lang —

Ich bin gewandert jene Bahn
In winddurchrauschter Abschiedsnacht,
Den Weg, drauf einst der kurze Wahn
Von Frauentreue mir gelacht.

Und hinter uns, verstoben, fern,
Lag erster Liebe Rosenzeit,
Vor mir kein Licht, vor mir kein Stern,
Der Büßerweg so weit, so weit.

XVIII.

Du reichtest stumm mir beide Hände,
Du sahst mich lieb und traurig an,
Dann wich die Sonne vom Gelände,
Du ließest mich und gingst hindan.

Noch einmal sah am Waldessaume
Dein braunes Haar im Wind ich wehn,
Noch einmal klang, wie tief im Traume,
Dein letztes Wort: Auf Wiedersehn.

Fern rief der Kuckuck rastlos, lange,
Ein Windesraunen stieg empor
Und durch die Heide schleifte bange
Der Regen seinen Trauerflor.

Ich wußte, daß du von mir solltest,
Man hat gequält dich fort und fort;
Hab Dank, daß du mich trösten wolltest
Mit einem letzten Liebeswort.

Die Jahre müssen kommen, gehen
Im Saatenglanz, im Sichelschein;
Du sprachst zu mir: Auf Wiedersehen.
Dereinst im Himmel wird es sein.

XIX.

Es steht in Wälderweiten
Die stille Musenstadt,
In der vor langen Zeiten
Mein Lieb gewohnet hat.

Am Markt ragt, hochgemauert,
Des Kaufherrn graues Haus,
Hat Kriegssturm überdauert,
Grollt in die Zeit hinaus.

Doch öde liegt der Garten,
Und still der Laubengang,
Draus einst, in Glückserwarten,
Ein Mädchenlachen klang.

Längst mußte die Stimme verhallen,
Die du, mein Herz, beweinst,
Doch singen die Nachtigallen
Von Jugend, von Liebe wie einst.

Sie singen durch schlafende Gassen,
Darüber die Sterne stehn,
Ihr Lied von Scheiden und Lassen,
Von ewigem Wiedersehn.

XX.

Ich sah dich still durch meine Jugend schweben,
Ich hab' gewähnt, du seist zur Welt gekommen,
Um, vorbestimmt, zu leuchten meinem Leben —
Dein lieber Glanz ist fremdem Herd erglommen.

Ich will mein Tagwerk ohne Groll vollenden,
Dem rauhen Lenz das karge Saatgut neuen,
Und, wie die Pflugschar blitzt beim Schollenwenden,
Will Liederglanz ich durch die Zeiten streuen.

Ich will dir nah sein, ruhig, unbefangen,
Ein treuer Freund. Du sollst es nicht erfahren,
Wes Art der Sturm, der durch mein Herz gegangen;
Dereinst jedoch, vielleicht nach langen Jahren,

Erscheint ein Tag, der reicht mir sacht in Fülle
Den Schwermutkelch, den Siegestrunk der Trauer,
Ein Herbsttag wohl, des leise Nebelhülle
Durchgoldet starrt im letzten Sonnenschauer.

Du bist allein. Es ward von tiefem Sinnen
Dein Auge dunkel, das geliebte, frohe;
Der Nordwind braust um deines Schlosses Zinnen,
Tief im Kamine blitzt die Scheiterlohe.

Dich bannt ein Traum. Du denkst vergangner Tage,
Und deine Hand, die schmale, goldbereifte,
Umspannt ein Buch; es ringt nach einer Frage
Rastlos dein Mund, der rote, fein geschweifte.

Er wölbt sich herb, und flüstert immer wieder:
Wem galt dies Buch, draus tiefe Sehnsucht flutet,
Wem sang mein Dichter seine letzten Lieder,
Wer ist die Frau, der einst sein Herz geblutet?

XXI.

Und wieder ist's nach Gottes Rat
Um einen Erdenlenz geschehn,
Laß, Herr, des Glückes junge Saat,
Die nie gereift, nicht untergehn.
Das unerfüllte Samenkorn,
Das fern der Mutterscholle fiel,
Und das erstickt vom Hagedorn,
Dereinst auch ihm gib Kraft und Ziel.

Wem früher Sturm das Nest zerschlägt,
Des Heimat ist die weite Welt,
Ist jeder Pfad der aufwärts trägt,
Ist jeder Golfstrom lenzgeschwellt.
Und wo die Welt am weitsten ist,
Soll sein sie zwischen mir und dir,
Die du mein Lieb gewesen bist
Und doch gelassen hast von mir.

Mein Vaterland, mein großes Land,
Vom Rhein bespült, vom Meer umtost,
Dich segnet deines Sohnes Hand,
Er geht von dir voll Hoffnungstrost.
Im deutschen Herzen ruht Gebet,
Die Sense glänzt im Weizenhag,
Und über deinen Türmen geht
Rotdämmernd auf manch Siegestag.

Mein Schiff gar bald zu großer Fahrt
Die frühlingsgrüne Südsee pflügt;
Noch nie hat deutscher Herzensart
Ein einz'ger Lebenssturm genügt.
Der Blitz, der Eigenglück zerstört,
Schlägt auch zum Streiter, schlägt zum Mann.
Was der am Ew'gen hat, gehört
In Lied und Tat der Menschheit an.

Westwärts

I.

Wir waren suchend durch die Furt geschritten,
Zum Uferrand das Haupt vorsichtig beugend,
Da sahen wir in eines Waldtals Mitten
Ein Rudel Rotwild, wachsam um sich äugend.

Das Schlangenaug' — so hieß mein Jagdgenosse —
Bog sich zum Staub, ein Beutefest erwitternd,
Er sprach, und griff das schärfste der Geschosse,
Des feiner Schaft von Flugbegier erzitternd:

Der Tag verweht, dann zieht das Wild zu Tale,
Hin zu den Teichen, daß es satt sich trinke,
Der Leithirsch doch folgt stets dem Abendstrahle,
Er will es wehren, daß die Sonne sinke.

Ich hab' erspäht, wo tief im Waldgestelle
Er Durchgang bricht; längst folgt' ich seinen Wegen.
Er liebt das Licht, und dürstend nach der Helle,
Zieht er dem Pfeil aus roter Faust entgegen.

Verleuchtend wich zu ferner Felsenzacke
Der Feuerball, heiß flammend in die Weite;
Da zog der Hirsch, als ob ihn Unrast packe,
Der Sonne nach, in zürnendem Geleite.

3*

Die rotbestrahlten Heidegräser flogen,
Die Sonne sank, ihr Glutenbett zu graben.
Ich sah den Hirsch durch der Savanne Wogen
Dem Tod entgegen wild gen Westen traben.

II.

Des Jagens müd' will ich die Nacht verträumen,
Das Feuer loht, dank einem trocknen Stamme,
Du lichtes Bild aus kerzenhellen Räumen,
Was willst du hier, bei einer Lagerflamme?

Es rast der Tanz. Rings Blumen, Seide, Lichter,
Zu groß die Lust für dieses Festsaals Enge,
Gelöste Locken, glühende Gesichter —
Auch du, mein Lieb, ziehst leuchtend durch die Menge.

Du schwebst dahin, dein Aug', das glanzesfrohe,
Blitzt hell vor Glück, die Paare schweben, fliehen,
Dein Haupt, umzuckt von Diamantenlohe,
Wiegt sich im Takt der Walzermelodieen.

Kennst du mich noch? O nein, das wär' vermessen!
Die Lust ist groß, die Pauke dröhnt und hämmert,
Sei, Weib, doch wahr: du hast mich längst vergessen —
Die Geige kreischt, der Morgen graut und dämmert,

Das Fest ist aus. Der Marschall hilft dir tragen
Den Schwanenflaum und deiner Blumen Fülle,
Dein Herr Gemahl küßt zärtlich dir im Wagen
Das schmale Händchen in der weißen Hülle.

Es träumt sich gut bei halb verlöschten Kohlen;
Der Schnee rinnt eisig über meine Backe,
Zur Gutenacht leckt mir die Hand verstohlen
Mit rauher Zunge schmeichelnd meine Bracke.

III.

Der Mond geht unter hinter fernen Höhen,
Rotdunstig taucht er tief ins große Wasser,
Die Heide trieft, getränkt von Regenböen,
Im Westen winkt ein Stern, ein strahlenblasser.

Wo weilst du, Stern, der meiner Jugend lachte,
Der einst erschien, mir licht voranzuschweben,
Du Liebste, die mich fromm und glücklich machte,
Du Silberschnur, gelöst aus meinem Leben?

Du zogst dahin, einsam, am Horizonte,
Mit Augen, die den Lebenstrug ermessen,
Zu segnen mich, der dich nicht lassen konnte;
O reiner Stern, nie werd' ich dein vergessen.

Leb wohl. Du wirst als guter Engel schweben
Durch Erdenleid, durch großer Armut Mitten.
Das Schicksal hat mein undurchpflügtes Leben
Gar früh getrennt von deinen heil'gen Schritten.

Du wirst als Leuchte meinem Fuß nicht scheinen,
Nicht darf ich hingehn, übersonnt auf Erden
Von deinem Glanz, dem silberblassen, reinen.
Doch Gott wird sein mein Licht beim Dunkelwerden.

IV.

Ihr habt verkündet, Denker aller Zeiten:
Des Menschen Ziel, das höchste, heißt Alleinsein;
Bleib fern der Welt, sei Fürst der Einsamkeiten,
Du mußt allein sein, willst du nicht gemein sein.

Oft hab' den Spruch ich grübelnd nachgelesen,
Mein Haupt umwehten schwere Winterschauer.
Philosophie, wer mag an dir genesen,
Du bittrer Born, des Bodensatz die Trauer?

Wohl bin auch ich zur Einsamkeit gekommen,
Mein Erntefeld hat Sturmflut überbrandet,
Das beste Saatgut hat mir Gott genommen,
Mir blieb ein Herz, das früh und tief versandet.

Verloren ist's für diese Welt voll Schimmer,
Für Hoffart, Prunk, für trügerische Bronnen,
Es fröstelt mich, den Wandernden, für immer
Im Winterglanz der kargen Lebenssonnen.

Doch eine blieb, in der ich Hoheit wähne,
Die Strahlen beut und köstlich ist vor allen,
Der Daseinstrost, zu trocknen eine Träne,
Die heiß und schwer aus fremdem Aug' gefallen.

Das Glück, zu gehn durch finstre Großstadtgassen
Und einem Kind, das bettelnd steht im Regen,
In beide Hände, die durchfrornen, blassen,
Der Liebe Goldschatz stumm und reich zu legen.

V.

Daheim ist's Festtag. Fern am Waldessaume
Hab' einen Platz zur Wegrast ich erkoren,
Zu Häupten mir singt süß, wie tief im Traume,
Ein Frühlingsvogel, im Geäst verloren.

Was ist es, daß die Sinne mir vergehen,
Daß Heimatbilder luftig mich umranken,
Die Vaterstadt, darüber Linden wehen,
Das Kirchlein mit dem Glockenturm, dem schlanken?

Die Kirche steht, vom Morgenglanz umflossen,
Spätastern blühn am schmalen Friedhofssteige
Tiefbunt und starr. Von Herbstglanz übergossen
Rinnt Raschelgold vom müden Ulmenzweige.

Und plötzlich rauscht die Orgel, sieghaft, mächtig,
In Jubelsturm, in Auferstehungswogen,
Viel Frohgestalten, zünftig, ehrenprächtig,
Erfüllen bunt des Kreuzgangs Pfortenbogen.

Im Sonnenglanz gehn tief und hell die Glocken,
Ein Mädchen tritt ins festliche Getriebe,
Den jungen Mund voll Jubel und Frohlocken,
Den frommen Blick verträumt, voll heißer Liebe —

Verrausche, Saat, die fremden Feldern prangte.
Es kam ein Sturm, es ward ein Schwert geschwungen;
Längst ist das Glück, danach mein Herz verlangte,
Beweint, gesegnet und zu Grab gesungen.

Dem Manne Heil, der irdisch Gut verloren.
Nur Blitzstrahl löst ein Herz, das tief gekettet
Dem Eigenglück. Es steigt aus Siegestoren
Dereinst dies Herz, ein Brand, zu Gott gerettet.

VI.

Die schwarzen Berge treiben ihre Festen
Weit ins Nebraskaland, das wilde, leere,
Der Oregon schäumt frühlingsgrün gen Westen,
Der Kolorado zieht zum großen Meere.

In jenem Bergland, jenem sturmerfüllten,
Erklommen wir, entschloßne Höhenmesser,
Ein schroffes Grat; tief in den Schluchten brüllten
Befreiter Gletscher fahle Sturzgewässer.

Hand fest in Hand, so zwang den Weg ein jeder,
Gewagten Sprungs aufklimmend am Gelände,
Im nerv'gen Arm den Strang von Büffelleder,
Den Nagelschuh einwetzend dem Gewände.

Dort bot ein Fels die graue Brust den Weiten,
Ein Obelisk, den Steinschutt überschrägend.
Wir fällten Holz, um Hütten zu bereiten,
Und hielten Rast, ein Werk, ein ernstes, wägend.

Wir huben an, quer durch den Fels zu schreiben
Im Sonnenschein, als Frühlingsstürme wehten,
Ein Jubelwort von Glanz und großem Bleiben,
Ein Wort, das Gott geredet dem Propheten:

„Spräch' ich mit Menschen- und mit Engelzungen,
Hätt' Wissen ich und alle Glaubenshelle,
Wär' also von Erkenntnis ich durchdrungen,
Daß einen Berg ich höbe von der Stelle,

Wär' alles mein, und hätt' ich nicht der Liebe,
Ich glich der Schelle, die geschwätzig tönend,
Ich wär' ein Nichts, das ewig nichtig bliebe,
Ich wär' ein Erz, das leer und qualvoll dröhnend."

Vier Monde fügten in des Felsens Adern
Wir breit wie Blitzspur die gewalt'gen Lettern,
Vier Monde pflügten emsig wir die Quadern,
Das Lebenswort tief ins Gestein zu schmettern.

Doch eines Tages brachen wir die Zelte;
Im dunklen Osten hub es an zu dämmern,
Der Morgen trieb, der frische, winddurchwellte,
Die Wolken heim, gleich roten Opferlämmern.

Und über uns, ein Weiser, aufwärts ragend,
Hob sich der Fels, getaucht in Frührotschauer,
An seiner Stirn die Gottesbotschaft tragend,
Das Wort der Liebe, die von ew'ger Dauer.

Der Blitzschlag wird den Felsgrat übersausen,
Schnee wird begürten jener Inschrift Zeichen,
Es werden Lenze blühen und verbrausen,
Die Liebe bleibt, es mögen Berge weichen.

Den Erdball werden ringend überschreiten
Cäsaren, Büßer, Glaubensprozessionen;
Der Menschheit Los bleibt ew'ges Flügelspreiten,
Bleibt Kampf um Licht mit feindlichen Dämonen.

Geschlechter, Völker werden auferstehen,
Ihr zeitlich Gut zu hüten, zu begraben,
Vieltausend Jahre werden kommen, gehen,
Die Liebe mag und wird kein Ende haben.

VII.

Der Tag erwacht. Befreit, in Jubelchören,
Bricht Frühlingsflut die letzten Gletscherschollen,
Ein Windstoß braust tief in den Edelföhren,
Die neigen sich in Schauern, andachtsvollen.

Herr, gib, daß mir ein Festtagsmorgen leuchte,
Voll Heimwehsturm, voll also starkem Strahle,
Daß meine Seele, die von Gram gescheuchte,
Dein Antlitz suche, flüchtend aus dem Tale.

Die Menschheit geht, nach weisem Maß beladen,
In Sorgenlast, in Hoffnung, Groll und Beten,
Doch wen du rufst abseits von Alltagspfaden,
Mit Sichelblitz ihn zeichnend zum Propheten,

Dem nimmst du, was an Erdenglück ihm inne,
Und sendest ihn, ein Feuer zu bereiten,
Des Opferrauch, von hoher Tempelzinne,
Zum Himmel steigt, wegweisend aus den Zeiten.

Des Dichters Amt ist Opfertat auf Erden;
Herr, laß auch mich an deinem Glutscheit schüren,
Laß mich ein Volk, ein Bruchteil deiner Herden,
Zu Sehnsucht, Dichtung, Überwindung führen.

Die Liebe doch, die du mir früh zerschlagen,
Weil ihre Bahn auf Eigenglück gerichtet,
Zur Menschheit, Herr, laß sie mich heimwärts tragen,
Dann hab' auch ich dereinst gelebt, gedichtet.

Sulamith

Auf einem Felsen im Judäerland,
Den Oleanderbäume rot umblühten,
Hielt Rast ein Wandrer. Lässig lag sein Haupt,
Zurückgelehnt, an einem breiten Stamm,
Der schattenvoll des Astwerks starre Krone
Emportrieb in die regungslose Luft.
Der Tag war heiß, das Meer lag glanzumflossen,
Blau, blendend, still; den weißen Ufersand
Im Mittagsschlaf traumatmend überbrandend
Mit müdem Schaumblitz. Dann entstand ein Hauch,
Der strich unhörbar durch die regungslosen
Baumkronen hin und streifte kühl die Stirn
Des stillen Wandrers. Der hob sacht das Haupt
Und schlug zurück die schlafbefangnen Lider,
Als wollt' umfassen er das schöne Land
Mit einem tiefen, dunklen Herrscherblick.

Des Fremden Antlitz war vernichtend schön,
Doch also stolz, als ob die Stirn, die schmale,
Sich abgeschüttelt, jäh, ein Diadem
Und trotzig, friedlos in das Weltall rage,
Fahl wie die Wüste, überflammt vom Zug
Offner Empörung. Auch sein Auge lag
So sonnenleer, als hab' es einst geschaut
Gehennas Glanz und sei dann jäh erstarrt
Zu schwarzer Lava. Sein tiefroter Mund

War hohngesträubt, als lache hart und gern
Er über Unglück. Welkend krümmten sich
Vor ihm die Gräser; Sterben überspann
Die Stätte, wo des Fremden Fuß geruht,
Denn er hieß Satan.
Über Gottes Erde
Lag Feierglanz. Es war zur Osterzeit,
Vom Berge Karmel bis nach Askalon
Floß Glockenklang, der tönte süß und leise
Gleich Himmelsgrüßen durch das stille Land,
Im Tal erklangen ferne Wallfahrtlieder
Und Weihrauch dampfte, das Palladium
Umflogen Fahnen, gen Jerusalem
Zog, Psalmen singend, eine Prozession.

Da plötzlich, wo die Straße scharf sich wendet,
Stockte der Festzug. Quer im Wege lag
Erschöpft ein Bettler. Hingestreckt im Sand,
Rief jammernd er: Laßt mich nicht Durstes sterben,
Erbarmt euch meiner, reicht den Wasserschlauch
Um Jesu willen. Zitternd schleppte sich
Der Greis, kniefällig, mit gerungnen Händen
Hin zu den Priestern. Die doch riefen laut:
Auf nach Jerusalem! Den Kleidersaum
Aufschürzten sie, des Bettlers hagern Leib
Hochüberschreitend. Ihres Weges zog
Die Prozession, indessen Weihrauch wallte
Und hundertstimmig sich zum Himmel schwang
Der Osterhymnus: Christ ist auferstanden.

Aus Satans Augen aber brach ein Blitz
Wilden Triumphes; seinen Mund umkam
Ein langes Lächeln, das war satt von Hohn,
Satt von Verachtung. Seine Hände beide
Hob er empor, sie griffen gierig, weit
Hinaus ins Leere. Große Jubelstürme
Durchbrausten ihn; er sprach: Welt, du bist mein,
Ich bin dein Fürst, ich bin der Herr der Erde.

Als ich das Haupt gewandt von Gottes Thron,
Und nach Empörung schrie, so daß ein Riß
Dein Lebenswerk, die Schöpfung, wild durchklaffte,
Nicht trieb mich Stolz. Nein, ich erkannte nur,
Mein hoher Feind, wie tief verfehlt das große,
Undenklich große Werk, das du getan.
Ich sah den Stoff, nach Satzung ew'ger Schöne
Kunstvoll getürmt, doch in des Riesenleibes
Feinstem Geäder sah mein Blick den Tod
Bleifarbig schleichen, und ich hob den Hammer,
Schlug deinen Irrtum und zerschlug dein Werk.

Nimm, Schwergetäuschter, dir vom Haupt die Krone.
Du schufst Verfehltes. Söhne riefest du,
Doch Knechte kamen. Liebe war und ist
Zu schade für die Menschheit. Dieses Volk,
Dem du bestimmt der Freiheit Diadem,
Mißlang dir tief. Es war ein Erdenkloß,
Darauf du bliesest, und aus falschem Ton
Schufst du den Menschen. In die Masse kamen

Selbstsucht und Knechtssinn. Sieh, die Menschheit wälzt
In geiler Lebensgier sich von Geschlecht
Hin zu Geschlechtern, glaubensmüder stets
Und greisenhafter; deine Liebe ward
In ihrer Hand ein Gut, gewürdigt nie,
Verpraßt wie Schaumgold. Abgelohnter Gott,
Rauf dir das Haar! Haltlos rollt deine Schöpfung
Hinab zum Abgrund. Ich doch schmettre ihr
Des Hasses Felsen krachend in die Speichen,
Ich sehe lachend sie zugrunde gehn,
Und juble laut: Du ließest von der Liebe,
Verlorne Welt — bald bist, bald bleibst du mein.

Er schwieg. Bleigraues, zitterndes Gewölk
Bezog den Himmel, Schatten streiften schnell
Das lichte Land, ein Windstoß grollte heiß,
Der hob den Sand, der an den Wegen ruhte,
Zu Wirbeln auf, und tief im Staube lag
Der Bettler noch, der Mensch, still und gekrümmt,
Weitoffnen Auges, schaurig, regungslos,
Ein Fragezeichen.
Sieh, des Weges kam
Ein Maronitenweib. Es trug ihr Haupt
Ein Bündel Brennholz, ihr im Arme lag
Ein schlafend Kindlein. Schwer erschien die Last,
Doch rüstig schritt die Wandelnde des Weges,
Der Hütte zu. Da sah am Grabenrande
Den Greis sie liegen. Ihre Bürde tat
Sie von der Schulter, knieend sank sie hin

Und nahm das Haupt des Kranken in den Schoß.
Der Bettler sprach: Hilf, ich verdurste, Weib.
Und rings kein Quell! Versengte Gräser neigten
Den scharfen Halm; soweit das Auge sah,
Klaffte der Boden, rissig, reich an Staub,
Lechzend nach Labung. Doch der Bettler streckte
Zum Sterben sich. Da überlief ein Rot,
Ein tiefes Rot des Weibes schöne Züge,
Erbebend löste, sacht, sie das Gewand
Und bettete das wüste Greisenhaupt
An ihre keusche, sanft geschwellte Brust.
So blieb sie lang. Dann endlich griff zum Stabe,
Gestärkt, der Bettler. Abgewandt und stumm
Wies sie den Weg ihm, und er taumelte
Hin an den Hecken. Sie doch wandte sich
Zu ihrem Kind, und weinte.
Stille ward,
Zuweilen scholl fern über braunem Gras
Ein Wachtelruf. Die Luft war kühl und klar,
Der Abend kam mit dunklem Flammenglanze
Über Judäa, in den Tälern lag
Tiefblauer Duft. Sulamith aber ging
Ins Abendrot hinein. Die Sonne sank
Und wob ein letztes wundersames Glühen
Um jene hohe, wandelnde Gestalt.

Doch Satan blickte regungslos ihr nach
Aus götterleeren, abgrundtiefen Augen.

Fontana Trevi

Du füllst ein Herz, das dürstend dir gelauscht,
So treulich an mit Worten süß von Schalle,
Wie weißes Wasser mit verträumtem Schwalle
In einer Schale dunkle Mündung rauscht.
Es rinnt dein Lied: Verbannte Herrschersöhne,
Euch, deren Herz in stolzem Heimweh schlägt,
Euch, deren Stirn schon Ahnungsschatten trägt,
Daß Schmerz der Kranz sei, der zum Helden kröne,
Euch Künstlern Gruß! Viel ferne Küsten blauten,
Der Südwind pflügte das Tyrrhenermeer,
Leicht schien die Fahrt den starken Argonauten;
Nun zieht manch Fahrzeug morschen Kiels einher.
Die Segel füllt ein Rosenblätterschauer,
Und haltlos treibt es an den Rand der Trauer;
Wer Faust einst war, entflieht als Ahasver.

Der Kuß der Musen ist ein Todeskuß;
Wer ihn empfing, dem löscht mit sanftem Schwunge
Die Fackel still des Glückes Genius.
Ein Ährengold, das frohen Menschen reift,
Das Alltagsglück, das sturmverschonte, junge,
Erblüht nicht dir, den jener Kuß gestreift.
Der stillen Liebe hold bemeßner Segen,
Des sichern Tagwerks Feierabendschein,
Sie liegen nicht auf deinen Erdenwegen,
Du bist ein Künstler, du sollst einsam sein.

Als dich des Schaffens heil'ger Geist durchflammt,
Hat er zu Schutt ein sattes Glück geschlagen,
Das lieb dir war und menschlich angestammt.
Die Künstlerweihe ward dein Totenamt,
Sei des bewußt, nicht ziemen Groll noch Klagen.
Kein Griff, getan in fremde Geistesflur,
Läßt Taten, die unsterblich sind, erstehen,
Willst du die Zeit durchfurchen mit Ideen,
So mußt du selbst, in tiefer Schollenspur,
Im Morgenwind, gebückt, am Pfluge gehen;
Ein großes Werk schafft man aus Herzblut nur.

Ihr Künstler fühlt es, doch die Mitwelt kennt
Dies Fieber nicht, das heimlich in euch brennt.
Was euch ins Ohr der Gottheit Lippe raunt,
Den Schöpferdrang, der euch verzehrt und tötet,
Der flackernd euch die schmale Wange rötet,
Begreift sie nicht. Der Dichtung bunte Flammen
Bejubelt sie, doch brecht ihr selbst zusammen
An eurem Werk, schlägt sie das Kreuz, und staunt.

So schleift des Ruhmes rascher Siegeswagen
Euch durch die Rennbahn. Fern im Sonnenrot
Erglänzt das Ziel — da seht am Weg ihr ragen
Ein Götzenbild voll Glanz, Geheimnis, Tod.
Aus Schutt und Staub, mit roter Lippen Flüstern
Reckt sich die Sphinx, der Lebensfrage lüstern:
Dein tiefstes Herz, hier scheidet sich die Bahn,
Der Kunst — der Welt — wem ist es untertan?

Trägst sieghaft du zum goldnen Sonnenbogen
Ein freies Haupt, von Knechtschaft unbefleckt,
Versinkt dein Fuß, von Sinnenlust gezogen,
In Purpurschaum, der Nacht und Reue deckt,
Suchst du die Welt, Gold, Ehre, Frauengunst,
Willst ihr du treu sein, oder treu der Kunst?
Hier sende du zum Höchsten mit Gewalt
Ein Stoßgebet auf hellen Flammenzungen;
Wär' ungelöst das Fragewort verklungen,
Zög' dich die Sphinx hinab zum Hörselspalt.
Doch willst dereinst du Triumphator sein,
Mußt du der Welt ein Totenopfer weihn,
Das volle Herz sollst deiner Kunst du geben
Und sterben, um der Ewigkeit zu leben,
Der Lorbeer sprießt aus Tränensaat allein.
Noch keinem ward ein großes Lied geboren,
Der nicht den Schmerz zum Meister sich erkoren,
Dein Wunsch nach Glück muß rauschen in die Zeit.
Der müde Leib, darin Dämonen ringen,
Ist Schutt, ist Staub auf deiner Seele Schwingen,
Die sehnend heimrauscht zur Unsterblichkeit.
Wohl danken sie mit lodernden Gebeten,
Die Gott erschuf zu Künstlern und Propheten,
Denn Ewigkeit birgt Jubel, Wahrheit, Glanz.
Sie künden Botschaft großer Freudenziele,
Doch auf den Goldklang ihrer Saitenspiele
Senkt Sehnsucht stets den schattenvollen Kranz.

Hans Habenichts

I.

Mein Bergschloß droht ins Schwabenland,
Der Blitz traf seine Zinne,
Und Krämerspott hat mich benannt
Hans Habenichts, Hans Fahrinsland,
Den Ritter der traurigen Minne.

Noch einmal, verleuchtender Junitag,
Gebiete stillzustehen
Der Sonne, die jungen Herzensschlag
Süßheimlicher Liebe gesehen.

Zwei Edelkinder in dürftigem Kleid,
Dran zerrte des Sommerwinds Tosen,
Sie trugen tiefseliges Herzeleid,
Am Wegrand glänzten die Rosen.

Fern über den Eschen der Wind verstob,
Die Waldfee Magellone
Aus flimmerndem Bachgeriesel hob
Des Glückes Märchenkrone.

Ein Kirchdorfglöcklein sacht entbot
Den Heimruf allen Müden,
Und über die Wälder zog düsterrot
Ein fallender Stern nach Süden.

Mein Königskind, bleib auf der Hut,
Es steigt mir schwül zu Sinne:
Der Kaufherr freit gern Edelblut,
Und ich bin der Ritter ohn' Hab' noch Gut,
Der Ritter der traurigen Minne.

II.

Nun wag' ich selig ohnemaßen
Ins weite Land den jungen Schritt.
Das Leben lacht, Staub deckt die Straßen,
Drei Weggenossen wandern mit.

Der eine zieht mir schief die Tasche,
Doch ist nicht immer Gold, was sprüht;
Mir ward der Freund an Herdesasche
Im kargen Vaterhaus geglüht.

Ihm wird bei Hoffest und Turneien
Ein zarter Kranz kaum je beschert;
Den Unterdrückern Feuer speien
Und Armut schützen soll mein Schwert.

Wollt' ich beim Habezählen weilen,
Ich fände leicht das zweite Gut,
Viel tausend sind, die froh es teilen:
Dem Deutschen Reiche Leib und Blut.

Doch fragt ihr, wo die letzte bliebe,
Die beste Habe von den drei'n?
Ein starker Fels ist meine Liebe
Und über ihr steht Gott allein.

III.

Die Kaufstadt bläht sich blank und frech,
Der Krämer Augenweide,
Sie handeln drinnen mit Tran und Pech,
Mit Weizen und Geschmeide.

Sie frachten auf den geduldigen Hals
Uns Waren aus welschem Zolle,
Indessen vom Neckar bis zur Pfalz
Brach liegt die deutsche Scholle.

Sie pfänden der Witwe letzte Kuh
Und lassen vom Fisch die Gräten,
Sie wuchern und borgen aus voller Truh'
Den kaiserlich römischen Räten.

Sie sammeln das Geld aus Süd, aus Nord
In diebessichre Kemnaten,
Sie preisen Krieg und Völkermord
Als göttliches Recht der Staaten.

Ein edles Zornwort deutschen Stamms,
Man prüft es mit peinlicher Schere,
Schon gilt ein buntes Höflingswams
Viel höher denn Mannesehre.

Sie schlugen das Volkslied tot und still,
Es ist verstummt, verstoßen,
Und wehe der Kunst, die nicht dienen will
Dem Ruhmgelüst der Großen.

Sie fällen den Forst, sie stückeln das Land,
Sie machen den Bauern zum Knechte,
Schon freit ein Vater aus Freiherrnstand
Die Tochter dem Geldsackgeschlechte;

Sie haben mit Würfeln und Malvasier
Betäubt des Vaters Gewissen,
Sie haben von Spinnrad und Brevier
Ein fügsames Kind gerissen.

Sie haben auf Gold und Beuteteil
Ein adelig Wappen gewogen,
Sie haben um sein ewiges Heil
Ein junges Herz betrogen —

Der rote Mittwoch kommt und tagt,
Da fallen euch ab die Seiden,
Daß ihr in Asche sitzt und klagt.
Ich will euch die Krallen schneiden.

IV.

Nun geh' ich den lieben Pfad allein,
Den wir einst träumend geschritten;
Solch Glück und so viel Sonnenschein,
Die Welt hat's nicht gelitten.

Mir braust ein altes Lied im Ohr,
Ein Klang aus Lebenswinden,
Wer kann ein Glück, das sich verlor,
Einst wiederfinden?

Gibt es denn Frauen auf Erdenplan,
Und seien sie noch so holde,
Die nicht ein Ringlein im Herzen han
Von früh zersprungenem Golde?

Ich flöchte der Liebe Totenstrauß
An eine Marienkapelle,
Ich möchte mein Herzblut weinen aus
Vor jeder Armutsschwelle,

Gern wollt' ich, ein Ritter von Gralsgestalt,
Die Heiden ins Weltmeer stoßen,
Gern grollt ich, ein Spielmann von Gottes Gewalt,
Aus sattem Schlaf die Großen.

Und wär' ich ein König, ja größer noch,
Und wüchsen mir Adlerschwingen,
Ich würde mit sterbendem Munde doch
Dies Frageliedlein singen:

Was müssen Frauen auf Erdenplan,
Und seien sie noch so holde,
Im Herzen ein heimlich Ringlein han,
Ein Ringlein von falschem Golde?

V.

Sie feiern heute Johannisfest
Bei Schmaus und Gastereien,
Es liegt geschmückt das Krämernest
Bis an die Dächer mit Maien.

Sie kürten mein Lieb zur Königin,
Sie wollten die Schönste haben;
Die Sonnwendfeuer flackern weithin
Von allen Bergen in Schwaben.

Heut' wird durch Trug und Schelmerein
Mein Lieb unehrlich beraten;
Der Münsterbrunnen gurgelt Wein,
Am Markt schmort Ochsenbraten.

Heut' gibt's der guten Bissen viel,
Der Rat zeigt Geberlaune,
Schon lumpt am morschen Krückenstiel
Das Bettelweib vom Zaune.

Schon will ein Bruder Weißnichtwer
Das beste Stück erpacken,
Schon schmettert ihm ein andrer quer
Zu Kopf des Bierkrugs Zacken.

Rasch drängt die Raufenden abseit
Ein Troß von Steckenknechten,
Verächtlich schaun zum Pöbelstreit
Die Ratsherr'n und Gerechten.

Schon läßt sich wild und sonder Not
Manch Mägdlein derb umfassen,
Der Martinsdom ragt qualmumloht
Buntdüster aus den Gassen.

Und in der Flammen Wirbelkreis
Bei Sprung und Fackelschnellen
Feinsliebchen flog, vom Tanze heiß,
Im Arm der Ratsgesellen.

Sie hob den Zunftpokal zum Mund,
Fahr wohl, mein Vielgetreuer —
Ich aber schlich, ein verjagter Hund,
Zurück ins Burggemäuer.

* *
*

Schicksal, daran mein Glück verbraust,
Leg mir ein Schwert in die Bettlerfaust.

Gib mir, statt Weib und Kind, zum Lehn
Alle, die herdlos und einsam stehn.

Wirf mir das hungernde Herz in den Sand,
Rette mein stürzendes Vaterland,

Rette vom Krämer, der lachend schreibt:
Alles vergeht, nur Geldwert bleibt.

Heilige Jungfrau, durch Schmach und Spott
Hilf uns zur Rache, hilf mir zu Gott.

VI.

Es schwillt der Strom, es braust der Tann,
Singschwäne südwärts wandern,
Nun zieh, mein blondes Lieb, hindan
Am Herzen eines andern.

Der Hochzeitszug fährt hell ins Land,
Groß Glück ist dort gediehen,
Ich aber brach im Sonnenbrand
Kein Sträußlein Rosmarien.

Viel Ehren stehn im Welschland feil,
Ein Krieg ist hoch erglommen;
Ich aber hab' mein Beuteteil,
Den Tod, daheim bekommen.

Viel Pfade gehn zu Herd und Haus
Vom stillen Glück umwunden,
Nur einer führt zur Welt hinaus,
Den hab' ich früh gefunden.

Es stehn viel Mädchen braun und blond
Wie Blumensaat im Regen,
Ich habe von einer nicht lassen gekonnt,
Bei der kein Glück noch Segen.

Ich wollte, bald käme Schlafenszeit,
Und über mir unermessen
Möcht' rauschen die tiefe Waldeinsamkeit,
Und ich wär' verstoben, vergessen.

VII.

Wir schliefen gern nach schweren Müh'n,
Nach jäh versunknem Liebestag,
Doch ist der Lenz zu heiß, zu grün,
Zu hell der Drossel Jubelschlag.

Ein Frauenkuß treibt tiefe Spur,
Ein Lachen, das im Lenz verscholl,
Streut auf des Lebens Edelflur
Den süßen Nachhall schwermutvoll.

Ein Herz, dem roter Frauenmund
Das erste Glück hinweggerafft,
Geht rastlos bis zur Sterbestund'
Auf Wanderschaft, ja Wanderschaft.

Es schwellen im Entdeckerzorn
Die Ströme hin und rasten nie,
Es braust durch Rolands Silberhorn
Manch unerweckte Melodie;

Auf Thule ragt manch Becher schwer,
Drin des Vergessens Goldtrunk rollt,
Doch trinkt kein Herz ihn fröhlich leer,
Das um verlorne Liebe grollt.

Es wandert seinem Lenze nach
Ein Herz, dem Liebesleid geschehn,
So weit der Tauwind Schollen brach,
So weit in Deutschland Veilchen stehn.

Und ob es stillen Weg getan,
Ob es ein Königreich errang,
Stets liegt auf seiner Lebensbahn
Ein großer Sonnenuntergang.

VIII.

In Deutschland steht ein Lindenbaum,
Darunter sind viele gesessen,
Die haben den großen Herzenstraum
Von Lenz und Liebe vergessen.

Sie trugen ihr Los mit stillem Sinn
Und sangen sacht an der Krücke
Am Feierabend vor sich hin
Das Lied vom verlorenen Glücke.

Vielleicht hat Gott ihr Lieb gemäht
Gleich Blumen im Lebenswinde,
Dann träumt sich's gut des Abends spät
Im Schatten der Kirchhofslinde —

Doch Schmerzen gibt's von hellem Klang
Und Pfeile von Falkengefieder;
Den Schlag, der mich zum Sprühen zwang,
Ich gebe der Welt ihn wieder.

Mir nahmen die Reichen das letzte Gedeihn,
Das einzige Schäflein vom Bache,
Nun leg' ich das gleißende Schlachtschwert ein
Für der Enterbten Sache.

Bald reit' ich, ein Rächer, ins Land hinaus,
Vor Heeressäulen jagend,
Gestorbener Liebe schwarzen Strauß
Am raubenden Schilde tragend.

IX.

Wir trieben jüngst, schnell rinnt ein Jahr,
Zur Fastnacht Spiel und Possen,
Es trugen die Mädchen im losen Haar
Schneeglöckchen, früh entsprossen.

So tief die Becher, so froh der Tanz,
Der Jugendhimmel offen;
Da hat mich, bei fröhlichem Mummenschanz,
Des Argwohns Pfeil getroffen.

Er nahm mir gut und wohl gewiß
Die Reigenlust für immer.
Jetzt klebt den Pferden der Schaum am Gebiß,
Heiß sticht der Wüste Schimmer.

Wir feiern blutige Fastnacht heut',
Wir mußten die Türken schlagen,
Und Märzenbier, vielliebe Leut',
Gibt's nur vom Hörensagen.

Wir reiten in Staub und Eisenglanz
Dahin gleich tief Vermummten,
Auch ist der Fastnachtssinn nicht ganz
Erstorben den Durstverstummten.

Mein Schlachtpferd schaute tückisch drein,
Ihm staken im Panzergeflechte
Viel Pfeile mit beißenden Züngelein.
Seht an das große Stachelschwein,
So riefen vergnügt die Knechte.

X.

O Sonne, die heut' in Deutschland schien,
Du wandernde, wissende, sage,
Ob meines Liebchens Glück gediehn
Seit unsrem Scheidetage.

Du schweigst. Ein leiser Winterhauch
Deckt tief das gute Schwaben,
Dort liegen im friedlichen Giebelrauch
So still die Herzen begraben.

Die Ratsherr'n prunken bei Schlittengeläut'
In weichen Ottermützen;
Die Stadt wär' leicht zu nehmen heut',
Gefroren sind Strom und Pfützen.

O Sonne, daß deine große Bahn
Nur einmal gerastet hätte
Und stilles Segenswerk getan
An meiner Lebensstätte!

Du sähest ein schlichtes Freiherrnhaus
In magerem Föhrenbestande,
Doch blitzte hell aus den Scheiben heraus
Ein großes Glück in die Lande.

Ein treues Weib — ob schlimm die Zeit,
Wir wollten das Leben schon zwingen;
Im Schranke das Brot, im Ofen das Scheit,
Wir teilten gern den Geringen.

Ein schirmendes Dach, ein Krug voll Met,
Ein Feuer in gastlicher Halle,
Die Arbeit heilig und stark das Gebet:
Herr Gott, wir loben dich alle.

Ich sah das Schloß im Traume nur,
Die Frau gehört einem andern;
O Sonne, du mußtest auf heiliger Spur
Zur großen Fremde wandern,

Und wo die Bahn du scheidend senkst,
Verflammend am südlichen Meere,
Reit' ich auf lauerndem Edelhengst
Getrost durch Feindesspeere.

XI.

Mein Kaiser, nun hab' ich manche Nacht
Gelegen vor deinen Gezelten,
Hab' Mannen, hab' Rosse dir zugebracht,
Mein Kaiser, übe Vergelten.

Wir ritten in stechendem Sonnenblitz
Viel Heidenvolk kopfüber;
Des Mohrenpackes Pfeilgeflitz,
Uns schor es keinen Stüber.

Mein Kaiser, schlag mich zum Rittersmann,
Gib mir die goldnen Sporen,
Dann zög' ich beglückt daheim, hindan,
Ich wäre neu geboren.

Ich ritte, das Herz voll Lust und Weh,
Durch des deutschen Hochwalds Raunen;
O blutender Mohn, o blühender Klee,
Ihr würdet träumen und staunen.

Ich ritte zum herrlichsten Sommerfest,
Gefolgt von Vielgetreuen,
Die jubelnde Brust in Stahl gepreßt,
Den Schild voll roter Leuen.

Schlag, Kaiser, mir die Sporen an,
Die goldnen Rittersporen,
Dann reit' ich zurück in den Schwäbischen Tann;
Die Reichsstadt wäre verloren.

XII.

Gib, Unzufriedner, endlich Ruh',
Die Welt war reich vollauf,
Und keine war, mein Lieb, wie du
So gut und schön darauf.

Dem Schicksal bot ich fromm die Hand,
Gib mir, statt Siegeslauf,
Ein treues Weib — schweig, armer Fant,
Der Reichtum schloß den Kauf.

Nun packt die Faust zu Blitz und Schlag
Des Schwertes Kreuzesknauf.
Bald naht Johannisjahrestag,
Sacht reitet der Tod herauf.

XIII.

Nicht einsam ist mein Schmerz gereist;
Ein Sturm, hereingebrochen,
Blies flammend an den Völkergeist
Zu roten Pfingstfestwochen.

Mein Leid trägt jeder treue Mann.
Der Dörfler ward leibeigen,
Doch in den Städten tost himmelan
Der fiebernde Lebensreigen.

Gleich Riesenspinnen, denen schwoll
Der Leib vom Adersaugen,
So stieren die Städte satt und voll
Ins Land mit lähmenden Augen.

Den Krämern stieg das Gold zu Kamm,
Dem Giertrunk folgt Gereuen;
Schert ihr zu tief das deutsche Lamm,
Wird's über Nacht zum Leuen.

Johannisnacht! Da treibt durchs Land
Das wilde Heer sein Wesen,
Da reiten durch Sturm und Dächerbrand
Die Hexen auf feurigem Besen.

Johannisnacht! An Furt und Steg
Auflodern sühnende Flammen
Und Wiedertäufer beginnen den Weg.
Der Goldthron stürzt zusammen.

Dann über die Wahlstatt mög' reiten, gefaßt,
Ein Kaiser, den still wir loben,
Kein Kriegsherr, von rotem Standartendamast
Und Tubaruf umstoben,

Ein Friedenskaiser, sonnengroß
An Demut und Erbarmen,
Der mit Sankt Martins Mantelschoß
Bedeckte die Not der Armen.

Der segne den friedlichen Meilerbrand,
Das Kornfeld, die wogenden Eichen,
Der schreibe weit über sein herrliches Land
Aufjubelnd des Kreuzes Zeichen —

Dann ist erfüllt der große Traum,
Komm, heilige Sonnenwende;
Ich hinge mein Schwert an den Eschenbaum,
Mein Lied nähm' fröhliches Ende.

XIV.

Dort ruhst du, goldne Stadt. Von deinen Türmen
Hallt feiernd, dumpf, der Abendmette Schlag,
Die Gassen doch füllt buhlendes Gelag.
Zeit ist's zu stürmen.

Es zecht der Rat. Die Jungfernkränzlein flattern
Läßt keck manch Bürgerkind.
Der Lebensrausch macht blind,
Sie sehen nicht, wie nah den Gattern
Der Tod Verderben spinnt.
Süß ist der Wein und schwarz die Nacht. Wallauf
Wälzt Schrecknis sich, das Südertor kracht auf;
Fahrt hin bei Weib und Bechern,
Schon schrillt das Sünderglöcklein blechern.
Rennt an, rennt an, Sturmlauf zuhauf,
Hie Krämer, hie Rittersmann,
Wir heben zu tanzen an.
Ihr Reiter, greift die Trense,
Der rote Gockel kräht,
Ihr Schnitter, schleift die Sense,
Viel Goldsaat wird gemäht.
Die Torwacht liegt erstochen,
Die Mauern sind gebrochen,
Heut' wird manch Muttersohn
Auf grünem Feld begraben,
Sie wollten's nicht besser haben,
Gebt nicht Pardon.

Den Krämer lohnt, der Frauen schont,
Die Gasse starrt, glutbebend;
Das Rathaus loht, schlagt tot, schlagt tot,
Den Ratsherrn bringt mir lebend.
Durch Rauch und Qualm,
Stadt, die du stolz vor allen,
Sprich deinen Sterbepsalm.
Sankt Hans, Sankt Hans!
Im Schwerterglanz
Lobe dich, Gott, meine Seele ganz,
Die Kaufstadt ist gefallen.

XV.

Durch Würgewerk und Gassenbrand
Reitet zum Rathaus Hans Fahrinsland,
Breit glänzt sein Schlachtschwert in der Faust,
Bleich schaut er, daß dem Volk es graust.
Dort knien, das Festgewand am Leib,
Der Ratsherr und sein weinend Weib.
Bei lohender Balken Licht
Der Rächer spricht:

Ich hab' das Meine nicht gesucht,
Ich kam, vom Zwang des Bösen,
Von Goldesmacht, der Gott geflucht,
Die Niedrigen zu lösen.

Die Kaufstadt stürzt und jagt ins Land
Hellknisternde Flammenschwaden,
Ich aber reiße dich aus dem Brand
Um deiner Frauen Gnaden.

Wenn einen Schelm am Blutgerüst
Vor allem Volk zum Munde
Ein schuldlos Mägdelein geküßt,
Man gab ihn frei zur Stunde.

Es hieß der Brauch: das letzte Recht.
Kein Fürst hat ihn getadelt —
So juble denn, schwertentronnener Knecht,
Dein Weib hat dich geadelt.

Wohl hat ihr erster Herzensschlag
Gegolten mir hienieden,
Doch Liebe, die nicht sterben mag,
Kehrt der Vergeltung großen Tag
Für dich und sie zum Frieden.

Zieht hin im Strahl des ew'gen Lichts,
Teilt Herz, teilt Gut den Armen,
Und kommt der Tag des letzten Gerichts,
Dann betet für Hans Habenichts,
Des Gott sich mög' erbarmen.

XVI.

Der Tag erwacht in starkem Schein,
Das Schwert sprach zur Genüge,
Tief durch die Fluren treibt der Rhein
Die schwellenden Wogenzüge.

Der frohe Werktag braust und lärmt,
Der Pflug zieht glänzend, eilig,
Und deutsches Segensgut erwärmt
Den Herd, dem Arbeit heilig.

Ein Lichtblick küßt nach schwerer Nacht
Das Land, das frisch durchsonnte;
Mein Leben, gleich ferner Gewitterpracht,
Versinkt am Horizonte.

Ich streife das schwarze Lorbeerlaub
Vom Helm nach gewonnenem Kriege,
Und presse mein jubelndes Herz in den Staub;
Bald tagen ewige Siege.

Ich selbst war eine kurze Kraft,
Aus Gottes Hand gefallen,
Ich habe von Prunk und Krämerschaft
Gesäubert die Tempelhallen,

Ich habe Hoffart, hab' Verrat
Gestraft mit Feuerruten;
Nun hilf mir, Herr, zur letzten Tat,
Laß mich als Büßer, als Soldat
Fürs Deutsche Reich verbluten.

* * *

Jungfrau Maria, mein müdes Herz
Jubelt nach dir im Panzererz.

Laß mein Glück, das ich verlor,
Auferstehn im Rosenflor,

Lebensscherben heilst du ganz,
Fügst darüber Liebesglanz.

Kurz war mein Weg; nach Gottes Rat
Eine rasche Schnittertat.

Über die Schwäbischen Hügel fern
Zieht ein großer fallender Stern;

Nimm ihn sacht in deine Hand,
Führe zur Heimat Hans Fahrinsland.

Philemon und Baucis.

Baucis:

Philemon! Philemon!
Die Sonne sticht, schwarz ragt der Lorbeerhain,
Von fernen Höh'n naht eine Wetterwolke,
Birgt, veilchenfarben, ferner Blitze Schein.
Die Ziegen blöken ruhelos am Rain,
Und er, der Gute, ging zum Schnittervolke.
Mich bangt um ihn . . kein Sichelton durchschwirrt
Die schwüle Luft mit frohgeheimem Laute,
Dies Schweigen lähmt.

Philemon:

Gruß dir, du sorglich Traute.
Den Klippensaum hab' mühvoll ich durchirrt,
Die Böcklein abwärts scheuchend zu den Wiesen,
Sie naschen gern am jungen Schotenkeim
Der goldgebrämten giftigen Zytisen.
Gleich bracht' ich Futter für die Tiere heim.
Jetzt möcht' ich, müd' vom ungewohnten Steigen,
Dankbar die Stirn dem Hüttenschatten neigen.

Baucis:

Dem Schatten nicht, komm in den Sonnenschein,
Die Holzbank trag' ich in den Glanz hinein,
Es ruht sich gut an eigner Hüttenschwelle.

Philemon:

Ach, teure Gattin, wo dein Lächeln weilt,
Herrscht Gabenfülle, süße Daseinshelle.

Baucis:

Ja, wir sind glücklich, doch — die Zeit enteilt.
Oft spricht mein Herz in ruhelosem Schlage:
Ein Ende droht dem allerschönsten Tage,
Längst wurden schräg an unserm Pfad die Schatten.
Ach, altersgrauer, treuer Weggefährte,
Daß doch die Jugend ewig, ewig währte!

Philemon:

Vergiß nicht, Liebste, wie so gut wir's hatten.
Was Götterhuld uns Sterblichen erlaubt,
Du streutest es als sanften Rosenregen
Mildherzig, freundlich auf mein altes Haupt.
Dein Tun war Glück, dein Tagewerk war Segen,
Und täglich noch nimmt deine Güte zu.

Baucis:

Der Stärkste, Beste, Schönste warst stets du.

Philemon:

Dem Tage Preis, der dich mir angetraut.
Wir liebten uns, doch zwischen kahlen Myrten
Schlich Hungersnot, die Eumenidenbraut.
Poseidon doch hat unsern Gram erschaut:

Im wilden Südsturm brandeten die Syrten,
Grau, gischbekränzt zum Klippenstrande her ..

Baucis:

Da rissest du, zu retten uns von Mangel,
An hochgeschwungener, dreigezackter Angel
Den starken Thunfisch sieghaft aus dem Meer.
Ich aber floh schnellfüßig von den Klippen
Und küßte dich, des Arm noch straff vom Fang,
Salzüberschäumt, den Nacken mir umschlang,
Helljubelnd auf die Triumphatorlippen.

(Ein Wanderer erscheint.)

Philemon:

Wie warst du schön! Wir schritten durch die Nacht,
Auf fremden Bergen hielten Hirtenfeuer
Hochrot und einsam stille Höhenwacht.
Im Süden stand, goldäugig, erdenfern,
Des Liebesglückes großer Funkelstern.
Aus palmenüberdunkeltem Gemäuer
Hob sich das Moosdach, unser Erdenheim;
Du trankest scheu vom selbstgebrauten Seim,
Dann, schluchzend, bang, im heißen Rosenhage —

Baucis:

O schweig, o schweig ..

Philemon:

Starb uns in Seligkeit
Der jungen Sehnsucht herbe, letzte Plage.

Baucis:

Sie ging dahin, die nie verschmerzte Zeit.

Philemon:

O kehrt zurück, ihr honigschweren Tage!

Baucis:

Wie ward er alt! Ihm senken sich die Lider,
Er nickt, er schläft. Ach, käm' die Jugend wieder!

Der Wanderer:

Ihr Friedlichen! Euch fiel ein seltnes Los.
Ach, daß sie schlügen, treuer Liebe Flammen
Um jedes Herz, auf jedem Herd zusammen,
Dann tagten Lenze, herrlich, zukunftgroß.
Dann könnten Götter diese Welt erwählen,
Um, ungestraft, sich Menschen zu vermählen.
Weich mir vom Haupte, großer Sonnentraum —
Beut eure Hütte dem Verirrten Raum?

Baucis:

Ein Gast, ein Gast! Seit sich zum Dorfe senkt
Der Händler Pfad, ward uns kein Gast geschenkt.
Dem Tage Heil, der dich uns zugeführt.
Philemon, flink, jetzt wird der Topf gerührt.

Philemon:

Ein Gast? Vernehm' ich recht? Freund, nimm vorlieb,
Gleich flammt das Reisig. Ruhe dich im Sessel,
Und, Baucis, was du Gutes hast, das gib.

Baucis:

Zum Feuer hebe mir noch rasch den Kessel,
Dann tummle dich. Vom Gärtlein bring herbei
Mir reichlich Minze, Rüben und Salbei,
Gleichzeitig schaff den Mischkrug aus dem Keller,
Trag sänftlich ihn, dann hält der Wein sich heller,
Und hol mir endlich, wenn du fertig bist,
Vom Dach dies Rauchfleisch, das ich längst vermißt.

Philemon:

Laß, Baucis, mir den Herd nur nicht erkalten!

Baucis:

Hier steht der Tisch, doch ach, gar speiseleer.

Der Wanderer:

Ihr lieben, guten, mildgesinnten Alten,
Mich zu bewirten fällt nur Reichen schwer.
Verächtlich wies ich oft vom Lebenstische
Des Reichtums fette, goldgeschuppte Fische,
Denn Selbstsucht war des Prunkgelages Kern.
Doch ihr bewirtet sonder Arg und gern,
Drum brech' ich derb von euerm Kleienbrote,
Und es behagt mir euer Wein, der rote.

Baucis:

Wie treulich ehrt er unsre rauhe Kost!
Hör an, Philemon! Unterm Herdesrost
Briet heut' ich Äpfel; wollt' dich überraschen.

Philemon:

O Gute, nimm sie hurtig aus den Aschen
Und wisse denn: im Bienenstock verwahrt
Liegt Honig noch, den ich dir aufgespart.
Bring alles her, den Fremden wird's erfreuen.

Der Wanderer:

Ihr Guten gebt; es soll euch nicht gereuen.
Gern mag ich rasten, wohlbetischt und warm,
Doch flammt ob Unbill, unterwegs erlitten
Im Hirtendorf, zu Haupt mir jäher Harm.
Fluch jenem Ort, den quer mein Stab durchschritten,
Dies Volk ist schlecht.

Philemon:

Hart auf Erwerb versessen,
Doch schlecht? O nein.

Der Wanderer:

Freund, Schulden zu bemessen,
Ist Richteramt, und ziemt nur mir allein.
Als Bettler kam ich, weil aus Bettlerwunden
Ein großer Strom, mit Gott verbindend, quillt.
Bis daß der Gottheit Liebesdurst gestillt
An jenem Strom, der suchend heimwärts geht,
Harrt, Weltenschicksal wägend, der Prophet.
Mich hetzten sie mit hungerfahlen Hunden,
Die Sichel schor den goldnen Gerstenhag,
Mir ward, statt Speise, Hohnwort, Knüttelschlag.

In jedem Haus, dem ich mein Heil befahl,
Hielt die Genußsucht breit ihr Bacchanal,
Dort lagen sie, die grasse Selbstsucht säugend,
Am Futtertrog, vergleichbar schwarzen Stieren,
Die, wiederkäuend, träg', im Nahrungsgieren
Dem großen Schlachttag stumpf entgegenäugend.
Der Tag kommt bald.

Baucis:

Es bricht Gewitterglanz
Vom Blick des Fremden. Riet ich seinen Willen!

Philemon:

Noch hungrig blieb er wohl. Baucis, im stillen
Erwog mein Sinn: wir opfern ihm die Gans.

Baucis:

Das treue Tier? Weh, wenn sein Zahn sie nagte,
Sie ward uns Freund, die kluge, hochbetagte.

Philemon:

Ach, Gastpflicht mahnt, wir müssen standhaft sein;
Das Messer schärfe sacht am Kesselstein,
Ich will alsbald mit unsres Festes Brocken
Aus ihrem Stall die Hausgenossin locken.
Dann, ahnungslos, wenn sie das Mahl genießt,
Trifft sie der Tod, der jedes Glück beschließt.
Ich habe Mut! Doch, Baucis, immerzu
Wär' es mir lieber, schlachtetest sie du.

Baucis:

Ich? Nimmermehr, herzloses Ungeheuer!
Doch ... du hast recht. Das finstre Werk gescheh'.
So schlachte sie, doch tu dem Tier nicht weh.

Der Wanderer:

Welch heil'ger Duft umflort ihr Hüttenfeuer.
An dieses Herds verglommner Liebesspur
Erstarkt mein Wunsch nach Glück auf Erdenflur.
Halt ein! Nach Speise lüstet's mich nicht mehr,
Nach euren Herzen doch trag' ich Begehr.
Wir wollen traulich um den Tisch uns reihen,
Und, redefroh, der Rast ein Stündlein weihen.
Sprecht. Eures Lebens langgemeßne Zeit
Schuf euch viel Schweres?

Philemon:

Herr, nur Dankbarkeit.

Baucis:

Der Gute hier trieb uns vom Haus die Plagen,
Mit solchem Gatten ließ sich alles wagen.

Philemon:

Doch ohne Baucis hätt' ich's nicht ertragen.

Baucis:

Traut nicht dem Wort — die Liebe sprach darein.

Der Wanderer:

Freund, euer Glück berauscht gleich jungem Wein.
Des herber Duft hat meinen Mund beflügelt,
Nun traut euch Wünsche, zahlreich, ungezügelt.
Den Wirten zollt der Gastfreund ein Geschenk,
Des guten Brauchs, des alten, seid gedenk....

Philemon:

Ja, damals gingen Götter noch auf Erden.

Der Wanderer:

Nicht traumhaft lallt die gute, goldne Zeit
Aus Märchenmund, — sie lebt, sie prophezeit.
Ihr Priester naht, es reißt sein Mantelschoß,
Und blendend klafft vor frommen Hüttenherden
Der Wunscherfüllung Goldschatz königsgroß —

Philemon und Baucis:

O laß noch einmal, einmal jung uns werden!

Der Wanderer:

Wie steigt so wild mir Schöpferkraft zu Haupt,
Ein Jubelstrom, der Damm und Wehr verloren,
Der ungebändigt, spottend jeder Furt,
Ein jedes Herz, das wert der Neugeburt,
Heimrauschend trägt zu weißen Siegestoren.
Gewährung soll euch sein, weil ihr geglaubt.
Philemon, geh, und taste dich am Stocke
Zum heißen Gärtlein; aus der Bienenglocke

Brich dir den letzten süßen Honigseim.
Dann auf dem Bänklein ruhe, wunschvergessen,
Denn nur ein Schlaf, im Schatten von Zypressen,
Solch kurzer Schlaf bringt Jugend wieder heim.
Nun neige sanft dein Haupt dem kühlen Laube ...

Baucis:

Sein Fuß ward schwach, er glitte leicht im Staube.
Herr, er ist alt, ich laß ihn nicht allein.

Der Wanderer:

Auf, mir zu Füßen flattre, fromme Taube,

(Philemon ab.)

Ich und mein Werk, wir müssen einsam sein.
Nur wer sich tief der Einsamkeit befahl,
Hört rauschend nah'n des Singschwans Goldgefieder
Und jubelnd dehnt aus süßer Schaffensqual
Sein junges Werk die sonnenheißen Glieder.
Tiefschauernd steht's, im Erdenwind verstört ...
Brich denn herab zum morschen Myrtenstamme,
Du grüner Lenz — hier ward ein Wunsch erhört,
Den Göttern Heil, und Phrygiens Sonne flamme.

(Verwandlung.)

Baucis:

Wie wird mir? Wonne faßt mich. Uferlos
Versinkt die Nacht, es schwimmt durch Frühlingsweite
Mein Herzschlag hin, so reich, so jubelgroß.
Wie bin ich selig, selig, ich Befreite.

Nun fliege heim, mein erster Liebesruf,
Zu dessen Brust, der neu das Glück mir schuf,
Der Jugend, Jugend mir zurückgegeben.

Der Wanderer:

Viel höher noch soll dich mein Arm erheben.
So juble denn, du meiner Träume Kind,
Berausche dich am jungen Lenz, erwache,
Mit herb gebäumten roten Lippen lache
Dein Liebeswort dem frischen Lebenswind.
Du bist erwählt, bist Göttern angenehm,
Auf deiner Stirn, im Zeichen jungen Ruhmes
Trag froh die Krone des Hellenentumes,
Der ew'gen Schönheit Strahlendiadem.
Den Meister bannt ein tiefer Hoheitsglaube
Vor sein Geschöpf, daß er bewundernd stehe ...

Baucis:

O gib, daß nie von meinem Haar zum Staube
Zurück dein Kranz, dein blütenroter, wehe.

Der Wanderer:

Erzittre nicht. Zu meinen Füßen zieht
Der Sonnenball, und hinter Myrtenbäumen
Bleibt er, glutstarrend, haften am Zenit,
Um ewig über unserm Glück zu träumen.
Erhöre mich, dann wird dies Wunder dein,
Und meine Kraft verbirgt dir Herrscherehren;

Unsterblich sollst, mir anvermählt, du sein.
Dein Liebeskuß soll uns den Ruhm bescheren
Als Erstlingssohn; der schütte, kraftgeschwellt,
Sein gleißend Füllhorn auf die tote Welt.
Doch Opfer nur, die vorbedingungslos,
Trifft vom Olymp der heil'ge Blitzesstoß,
So schmelz' ich dir die spröden Panzerhüllen,
So raff' ich jubelnd deinen jungen Leib
Im Blütensturm hinweg, mein Werk, mein Weib.

Baucis:

Weh mir, laß ab ... dein Wunsch birgt kein Erfüllen.
Vernichtend, unermeßlich war der Wahn,
Und tief der Schmerz, den du mir angetan!

Der Wanderer:

Lähmt Zagen dich? Willst du dem Glück entrinnen?
Kannst du die Glut, die dir ums Haupt ich flocht,
Vergleichen mit des Hüttleins Lampendocht?
Baucis! Bist du so klein? Kamst du von Sinnen?

Baucis:

O habe Dank, daß du mich recht benannt
Und mir den Erdenheimruf zugesandt.
Wo bleibt Philemon?

Der Wanderer:

Du dem Staub Getreue,
Die du zum großen Sonnenfluge träg',

Schon hängt an deinem Lippensaume schräg
Und schwer des Glückes Gegenlast, die Reue.
Ach, daß dein Herz so schwer sich lösen kann
Vom Ehejoch, dem plumpen Zweigespann.
Dein Gatte nahe, dann mit Schmerz und Grauen
Magst du das Zerrbild deiner Schönheit schauen.

Philemon:

Zum erstenmal hat Baucis mein vergessen,
Doch, sorglich wohl, schafft sie dem Fremden Dank.
Auch mir gewiß bringt sie zur Gartenbank
Nebst dem gewohnten milden Schlummertrank
Ein Bröcklein Abhub, das da blieb vom Essen.

Baucis:

Versucher! Ziehe deines Wegs allein,
Dir ward die Welt; dies welke Haupt bleibt mein.

Der Wanderer:

So willst du, taub dem Auferstehungsruf,
Zum Staub zurück, der Armut nur dir schuf?
Du, die bestimmt zu großer Siegesreise,
Entwichest mir, dich flüchtend zu dem Greise,
In seiner Last mühselig heimzutragen
Siechtum und Sünde, Tod und Bettlerplagen,
Die Stirn gefurcht, wenn Erdensonnen stechen?
Nein, Liebesrosen, volle, sollst du brechen.
An meine Brust, aufschauernde Gestalt,
Ich bin die Kraft, bin Leben, bin Gewalt,

Empor zu mir! In zügellosen Flammen,
In ew'ger Jugend stürmen wir zusammen,
Daß der Olymp sich unserm Glück vermähle!
Dort schläft der Greis — hier steht dein Gott: nun wähle.
Sieh dies Geschöpf, von Alterlast gedrückt ..

Baucis:

Reiß mir vom Haar den Kranz, der mich berückt.
Ein Siegesheld in deinem Himmel bleibe,
Allein auf Erden laß den Mann beim Weibe.

Der Wanderer:

Mein Werk mißlang. O großer Liebespfeil,
Den sehnend ich, von Beutedrang geblendet,
In wilder Kraft der Menschheit zugesendet,
Du kehrst zurück, flugzitternd, ohne Heil.
Du flatterst heim, von Herzblut tief gerötet,
Doch mein Blut ist's, und mich hast du getötet.

Baucis:

Wach auf, Philemon. Sieh, hier weilt ein Mann,
Der darbend kam, der uns als Gast gehörte,
Der zauberkundig, durch Beschwörungsbann
Dein Weib verlockte, meinen Sinn betörte.
Umgarnend warf des Perlenfischers Hand
Mir übers Haupt der Schönheit Netzgewand,
Verstrickend mich im goldnen Maschenregen,
Und um ein Haarbreit wär' ich unterlegen.
So lohnt der Fremdling Obdach, Labetrank.

Der Wanderer:

Nun soll, Philemon, einmal noch in Brausen
Der Jugend Südwindstoß dich übersausen.

Philemon:

Den rost'gen Jagdspeer fäll' ich, dir zum Dank!
Durch diesen Stahl, der Wolfsblut oft geleckt,
An meiner Schwelle seist du hingestreckt,
Noch wehrt mein Arm lichtscheuem Raubgelichter.

Der Wanderer:

Unholdes Paar, des Blick der Irrtum deckt,
Vor euch steht Zeus, der große Herzensrichter.

Erhebet euch, und wisset: Mild gebucht
Ward eure Schuld; Gott selbst hat euch versucht.
Erneuter Jugend blitzend Stirngehenk,
Euch war zu groß, zu herrlich dies Geschenk.
Gerüttelt seid, im Sturm von Haß und Lieben,
Ihr schuldlos nicht, doch menschlich wahr geblieben.
Ich bin euch hold, und eh' der Abendschatten
Von dieser Stätte meine Wegspur weht,
Will ich erhören euer Nachtgebet
Und einen Wunsch, den letzten, euch verstatten.

Philemon und Baucis:

Nimm uns vom Haupt die Glut der ew'gen Lenze,
Laß uns, nicht ahnend unsres Lebens Grenze,
An einem Tag, in einem Kusse sterben.

Der Wanderer:

Es sei, doch Jugend sollt ihr dennoch erben.
Auf Erden schon wird eurer Liebe Strom
Unsterblich fluten, wird in Dichtersagen
Zurück zur Welt, der götterlosen, tragen
Des Griechenlorbeers herbes Duftarom.

Nun, hehre Jugend, die mein Bann beschwor,
Kehr jubelnd heim zum roten Rosenflor,
Zu Frühlingssonnen, die sich niemals wenden.
Laß dieses Paar erfüllen und vollenden
Ihr Los, das tragisch dunkle, Mensch zu sein.

Kehrt heim, und ruht im Erdensonnenschein.

Philemon:

War alles Traum?

Baucis:

O Glück des Auferwachens!

Philemon:

Nicht ist's denn wahr, daß wild ich schwang den Spieß.

Baucis:

Und Täuschung bleibt es, daß mein Herz dich ließ.

Philemon:

Dein Herz? mich? — Komm, mein Mund quillt frohen Lachens.

Wir wollen plaudern, auf dem Bänklein ruht
Im Sonnengold es sich so tief, so gut.

Baucis:

Ein Kranichpaar im Äther seh' ich kreisen,
Es strebt im Heimweh neuem Frühling nach.

Philemon:

Mein Blick erlosch, mein Aug' ward trüb und schwach.
Der Götter Huld beschirm' ihr Heimwärtsreisen,
Mög' ihnen bald, auf frommer Hütten Dach,
Ein neues Nest, ein sturmessichres, werden.
Wir aber freu'n noch friedsam uns der Erden.

Baucis:

Zwei Kinder sind wir, die durchs Ernteland
Nach langem Fest heimwandern Hand in Hand.

Philemon:

Und deren Lippen, eh' sie müd' sich schlossen,
Am Wegessaum, im letzten Sonnenbrand,
Dem Leben danken, das sie reich genossen.

Der Wanderer:

Aus so viel heil'gem Sterbefrieden rauscht
Auch mir zu Haupt ein großes Abschiedsahnen,
Es zieht heran auf Offenbarungsbahnen
Ein neuer Lenz, der Gottheitskränze tauscht.
Aus ferner Luft hör' ich prophetisch klingen

Ein großes Flattern von Erlöserschwingen,
Ein Demutsgott wird wandeln durch die Zeit,
Wird still, im blut'gen Überwinderkleid,
Bei Frührotlicht den Stein vom Weltgrab heben,
Nur dieser Gott, nur er, gibt ew'ges Leben —

Dann brich zusammen, Griechenherrlichkeit!
Und dennoch schlugst aus trümmerschweren Wogen
Du zum Olymp der Dichtung Strahlenbogen,
Und dennoch wirst du, voll gewalt'ger Pracht,
Soweit die Sonne flammend niederlacht,
Soweit der Sturm braust, dieser Welt voll Trauer
Heimwälzen deiner Schönheit Sehnsuchtsschauer.
Dies, Hellas, war dein Glanz, bleibt deine Macht.

Die beiden dort im blühenden Jasmine
Küß sanft vom Leben, Freundin Proserpine,
Doch ihrer Herzen heilig langen Traum
Beschatte still, von ew'ger Liebe rauschend,
Im Spiel des Blattwerks Koseworte tauschend,
Ein kraftgeschwellter, schwarzer Lorbeerbaum.

Ich aber will, gelehnt am Pilgerstab,
Dich segnen, Stätte, die mir Obdach gab.
Den wilden Wunsch, der mir zu Haupt geschossen,
Trug ich zu Grab auf goldnen Sonnenrossen,
Zerbrochen starrt der Sehnsucht Flammenspeer.
Auf unerfüllten großen Schöpferpfaden
Sinkt im Getümmel jauchzender Najaden
Der Gott zurück ins frühlingsgrüne Meer.

Heimkehr

Ich hab' dich geliebt, ich hab' dich errungen
Und habe dich dennoch nie besungen,
Weil nicht in Worten noch in Bildern
Dein Herzensreichtum wär' zu schildern.

Meiner Frau

Weihnacht 1903

Lenzfahrt.

Nun fährt der herbe Lenz ins Land
Auf feuchter Stürme Schwingen,
Die Tauflut schäumt zum Wiesenrand,
Die letzten Schollen springen.
Der Südwind rauscht um die Bastei,
Da will auch uns sich regen
Die Lust, zu wandern vogelfrei
Dem brausenden Lenz entgegen.

Ein leises Sehnen kam mit Macht,
Ein tiefes Glückverlangen,
Das ist in heil'ger Osternacht
Vom Himmel ausgegangen.
Der Nachtwind flüsternd die Saaten bog,
In dämmerweißer Tiara
Still über träumende Hügel zog
Die Göttin Venus Ostara.

Wo sie den Lenzeshang gestreift,
Da schmolzen letzte Flocken,
Wo sacht ihr Kleidersaum geschleift,
Aufbrachen Blütenglocken,
Und wo sie sinnend ein Herz berührt,

Da ließ es sein Sorgen liegen,
Und regte die Schwingen lenzgeführt,
Und lernte das Jubeln, das Fliegen.

Mit frommem Herzen, tief im Sinn
Der Sehnsucht starke Flamme,
So wandre durch die Zeiten hin,
Poet von deutschem Stamme.
Die Freiheit sei dein Führerstern,
Der strebe nach, begeistert,
Und neben Gott hab keinen Herrn,
Der dein Gewissen meistert.

Ein Schmied im heil'gen Arbeitstag,
Laß hoch den Holzstoß glühen,
Dein Lied sei hell wie Hammerschlag,
Dein Herz laß Funken sprühen.
Nun schmiede bei Staub und Essenruß
Hellsilbernen Klanges vier Eisen,
Die möge dein stürmender Pegasus
In leuchtendem Hufblitz der Freiheit zum Gruß,
Der Welt zur Abwehr weisen.

Märzabend.

Aus Schollen und feuchtem Torfe
Steigt langsam über den Tann
Der dunstige Mond; zum Dorfe
Kehrt müde das Ackergespann.

Wir haben der Saat gewaltet,
Der Arbeitstag verloht,
Nun seien die Hände gefaltet:
Herr, segne das tägliche Brot.

Es schlummern die Felder, die blauen,
In schweigender Vollmondpracht,
Darüber halten zwei Frauen,
Hoffnung und Liebe, Wacht.

Über dem Moore.

Ein Heidemoor fahl wie der Tod.
Riedgras auf dürft'gem Schollensod,
Ein stockendes Wagengeleise,
So jäh in Glut und Staub verweht,
Als spräch' es: Wandrer, wohin geht
Dereinst die letzte Reise?

Die Reise geht, soweit sie mag,
Sie führt in den flimmernden Hochmittag.
Es standen am Horizonte
Zwei Birkenstämmchen schwach und weiß,
Darüber die Sonne, so jach, so heiß
Sie stechen konnte.

Versunken ist das letzte Dorf,
Hoch über einer Stapel Torf
Kreist, goldig, ein Schwarm von Immen.
Vom Hügelsaume dürr bestockt
Der schwefelgelbe Ginster flockt,
Fernher verschollene Stimmen.

Ein Kiebitzruf die Luft durchschrillt,
Weit hinterm Knick ein Bauer schilt
Auf seine trägen Pferde:
Er bessert Zaum und Sattelgurt,
Dann schält sein Pflug zu Neugeburt
Den Schorf der Erde.

Aus einer Furche spähte klar
Von Reinekes Stamm ein Ehepaar,
Nach Mücken schnappten beide.
Die Füchsin trug ein rotes Kleid,
Das leuchtete durch die Einsamkeit
Der Heide.

Die Sonne sank verglühend, fern,
Sacht stieg der große Venusstern,
Vom Dorf begann zu klingen
Der Ton der Ziehharmonika,
Ein zitternd dünnes Gloria,
Die Freude der Geringen.

Der Dächerrauch spann seinen Flor,
Gutnachtruf scholl von Tor zu Tor,
Der Vollmond schlug die Brücke
Vom Lebenskampf zur Feierzeit,
Den Weg, der strahlend prophezeit
Von ew'gem Ernteglücke.

Die Hütte.

Der Wintersturm brauste durchs weite Land,
Trieb stäubenden Schnee zu Schwaden;
Am Weg die Köhlerhütte stand
In Armut und klaffendem Schaden.

Der Wind in die Fensterlücke schlug,
Der Herd des Reisigs harrte,
Und Rauhreif umspann den tönernen Krug,
Der auf dem Tisch erstarrte.

Dort lag auf spärlichem Strohgebund
Ein Weib mit ihrem Kinde,
Es hielt der Säugling im hungernden Mund
Ein Stücklein trockner Rinde.

Vorüber zur Messe zog wohlverwahrt
Ein Kaufherr mit stattlichen Pferden:
„Gib, Himmel, Gewinn und gedeihliche Fahrt,
Das Holz wird teurer werden.“

Des Weges ritt der Dorfkaplan:
„Die Not hält harte Reise,
Da bleibt gestrenges Zuchtvermahn
Fürs Volk die beste Speise.“

Ein Hochzeitszug fuhr hell ins Glück
Mit Schellen und Peitschenknallen,
Doch keiner wandte den Kopf zurück
Zum Hüttlein, vergessen von allen.

Die Hütte verstoben im Walde stand.
Ein Wandrer trat an die Schwelle,
Er blies sich den Schnee vom braunen Gewand,
Warf ab seine Reisigwelle.

Er sprach: „O Weib, der Tag verflog,
Schräg strahlt die Wintersonne.
Der Menschen kurzes Mitleid log;
Ich bringe dir Ruhewonne.

Es höhnt die Nacht, und wölfisch streunt
Der Nordwind um die Türen.
Ich bin der Tod, dein bester Freund,
Weib, laß dich heimwärts führen.

Ich lege dir hungerndem Bettlerweib
Trotz Armut und klaffendem Schaden
Ein Königsgewand um den siechen Leib,
Du bist zum Fest geladen."

Über dem Leben.

Im Schlafgemache, während trüb und fahl
Die Schatten um zerwühlte Kissen glitten,
Verstarb ein Mann; und als er ausgelitten,
Hob seine Seele sich vom Erdental.
Er hatte stets, hochachtbar, vielbeneidet,
Zum Wohl der Stadt manch Ehrenamt bekleidet;
Drum riefen laut in windzerrißnem Klang
Bald dumpf, bald hell vom finstern nebelnassen
Gewirr der Türme, Schlote, Giebel, Gassen
Die Trauerglocken. Allgemach versank
Des Erdballs Brausen. Schon, auf starken Schwingen
Begann ein großer goldner Ton zu klingen,
Schon wuchs ein Weg, ein fremder, weitgebahnter,
Schon kam ein Duft, ein frischer, ungeahnter,
Vom Wellenschaume junger Küstenränder,
Dem Wiegenflaume neugeborner Länder;
Da stand am Weg, in heißem Felsenspalt
Ein schwarzer Seraph, reglos wie Basalt,
Der sprach: Nicht ziemt dir Friede, Herzensweide,
Es geht dein Pfad zu langem Büßerleide.

Und es ward Schweigen. Scheu begann der Tote:
Ich hielt doch willig Satzung und Gebote,
Hab' Gottesfurcht gepflogen und beteuert,
Zum Kirchenbau manch Scherflein beigesteuert,
War stets ein Freund der Obrigkeit und Sitte,
Hielt stets das Maß, des Lebensweges Mitte,

Half manchem Werk zu Wachstum und Genesen,
Bin selbst beim Kaiser angenehm gewesen,
Bin besser nicht noch ärger als manch andrer,
Was schmälerst du den Ruhelohn, der mein?
Gib frei den Weg, verlaß mich, trüber Wandrer,
Ich kenn' dich nicht.
Nein, sprach der Seraph, nein.
Du kennst mich nicht, du hast mich nie gekannt,
Ich bin die Not, der Menschheit Not benannt.
Wohl stand ich oft mit kummerfahlen Wangen
Im Marktgewühl; du bist vorbeigegangen.
Da hilflos ich, verachtet, unbekleidet,
Hast du dein Herz im Schauspielhaus geweidet;
Als mich gewürgt des Hungers hagre Kralle,
Hast du, für mich, gespeist beim Armenballe.
Demütig saß ich, zitternd, frostbereift,
Vor deinem Tor; kein Blick hat mich gestreift,
Und wagt' ich es zu stören deine Ruh',
Fiel zögernd mir ein Kupferheller zu.
Du warst kein Held des Liebens noch des Hassens,
Du warst der Mann des lauen Unterlassens,
Drum ziemt dir nicht das bunte Feierkleid,
Es führt dein Pfad seitab zu langem Leid,
Du hast gehört der Menschheit Jammerschrei
Und gingst vorbei.

Vermächtnis.

Komm, braune Laute, zierlich, schlank,
Leg schlafen dich tief in den Schrank.

Dereinst bricht helle Sonnenflut
Ins Dunkel, drin du lang geruht,

Dann wisse, daß mein Töchterlein
Dir aufgetan den alten Schrein.

Wenn sie, nach Raritätenkram
Sacht suchend, in den Arm dich nahm,

Wenn ihre Hand, behütend, leicht,
Den Staub von deinen Saiten streicht,

Erwache dann und leise sprich:
Hier klingt ein Vatergruß für dich.

Die Laute, Kind, leg still zurück;
Dies Saitenspiel birgt Schmerz, nicht Glück.

Den Fürsten scholl zu schrill sein Klang,
Dem Volk zu hoch der Singesang,

Den einen schien er golden, echt,
Den andern schien er kupferschlecht,

Und ob das Lied von Gott auch kam,
Dem Sänger schuf es Erdengram.

Die braune Laute, zierlich, schlank,
Laß schlafen, Kind, in ihrem Schrank.

Beginnt in deines Herzens Raum
Ein Lied den Wandervogeltraum,

So danke Gott, doch laß zum Licht
Dein Lied, die Taube, fliegen nicht.

Das Lied hat große Himmelseil',
Doch jeder Taube harrt ein Pfeil;

Sie hebt die Schwingen himmelan,
Doch Herzblut haftet stets daran.

Gassenpredigt.

Eh' Satan in die Tiefe fuhr,
Schrieb er mit krauser Funkenspur
Sein Testament: An meiner Statt
Nimm hin, o Welt, das Kartenblatt.

In euch, ihr Karten, liegt verhüllt
Ein Fluch, der täglich sich erfüllt;
Gebetbuch Satans, tragt sogleich
Auf Erden weiter Satans Reich.

Für böse Saat ist in der Welt
Ein jeder Acker bald bestellt,
Tief in die Menschheit greift zurück
Der Drang nach leicht erworbnem Glück.

Im Fürstenhaus, im Bauerschrein
Ruft die Begier: Gold, komm herein.
Zu langsam reift das Korn am Hag,
Zu kärglich lohnt der Arbeitstag.

Der Gutsherr schwingt das Kartenblatt,
Dem Müller wird das Mahlen satt,
Der Jäger auf der Wirtshausbank
Zieht aus dem Sack die Heller blank.

Rund ist die Welt und rund, was rollt,
Gemünzte Freiheit liegt im Gold,
Nach Freiheit dürsten Herr wie Knecht —
Leg rasch, mein Freund, das Spiel zurecht.

Treffdame höhnt in steifem Samt,
Gewinn aus rotem Vierkant flammt,
Herzdame kündet Liebesnot,
Das schwarze Kleeblatt frühen Tod.

Vier Partner spielen gegen dich
Und deinem Leben gilt ihr Stich;
So vornehm und so bunt sie sind,
Um ihre Bahn weht Galgenwind.

Sie lähmen deine Willenskraft,
Sie brechen dir den Steuerschaft,
Gar manch Geselle schmuck und lieb
Ward über Nacht durch sie zum Dieb.

Und ist's geschehn, erwacht ihr Hohn:
Dir ziemt der Bettelsack, mein Sohn,
Wir halten dir den Leichenschmaus
Und spähn nach neuen Opfern aus.

Nichts bricht den Bann, nichts schafft Entfliehn,
Kein Lieb im Kranz von Rosmarin,
Kein Mütterlein, das warnend fleht,
Die Hände faltend zum Gebet.

Es stehn bei deutscher Eichelmast
Viel Rüsselträger breit zu Gast,
Voll Selbstsucht, Knechtssinn, Strebergier —
Laß fahren, Herr, die böse Vier,

Laß fahren, Herr, der Spielwut Geist
In jene Herde satt und dreist,
Und schaff ein tiefes Meer herbei,
Daß drin der Schwarm ersäufet sei.

Ein Meer, darüber Stürme gehn,
Darüber Länder jung erstehn,
Ein Reich, des Adel dem nur gilt,
Der ernster Arbeit zugewillt.

Ward so der Zukunftsstaat bestellt,
Weicht Satan baldigst aus der Welt;
Dann sitzt der Teufel tief im Sumpf,
Und hat verspielt den letzten Trumpf.

Ordensfeste.

Ach, lieber Sankt Peter, schaff endlich Ruh'
Und sperre die Ordensschleusen zu.
Du weißt es, großer Schlüsselmeister:
Viel Orden entfesseln viel böse Geister,
Zank, Zwietracht, Neid und Strebertum,
Die unsres Volks geringster Ruhm.
Tut wer, um Orden nur, seine Pflicht,
Wär's besser, er täte sie nimmernicht.
Auch ist verblaßt der Ritterschimmer;
Es wird ein Weiser nie und nimmer
Abschätzen Mann und Manneswerke
Nach Ordenszahl und Rangvermerke.
Ein jeder trägt, sei's Guter, sei's Böser,
Am Herzen das Großkreuz vom Sündenerlöser;
Wir stehn in Gottes Kinderschaft,
Wir selbst sind eine Königskraft.
Wer dies ermißt und recht erkennt,
Wem dann das Herz nicht jubelnd brennt,
Wer dann nicht still, voll sel'ger Scham
Lostrennt sein Herz vom Flitterkram,
Wer Ordenstand noch dann begehrt,
Ist breiter Alltagfessel wert.

Vom Zechen.

Er trank als Jüngling gläubig, schlecht beraten,
Weil seine Freunde groß in Trinkertaten,
Und weil die Dichter laut, in allen Zungen
Den Rausch als hoch, als heldenhaft besungen.
Er trank als Mann, um einen Liebeskummer
Tief zu versenken in Vergessensschlummer,
Und als er sah, daß rasch die Jahre gehn,
Sucht er im Rausch des Traumes Auferstehn.
Als fünfzig Herbste seinen Scheitel krönten,
Fand er im Wein den Freund, den notgewöhnten.
Wenn einst vom Abschied Winterstürme sprechen,
Wird bis zum Grund aus Todesfurcht er zechen,
Und sterben wird er, wenn der Nachtwind saust
Am öden Herd, das Trinkglas in der Faust.

Herr, deinem Volk gib Rebensaft,
Doch Quellen auch voll Stahl und Kraft,
Daß klar ein jeder blicken mag
Ins Aug' dem ernsten Arbeitstag,
Des starkes Gut sich keinem schenkt,
Der seinen Sinn in Nebel senkt.
Doch wenn die Feierstunde schlug,
So nehmt ein Maß vom frischen Krug
Und eure Gabe sendet aus
Dorthin, wo Armut herrscht im Haus.
Labt Armut ihr mit Freudenwein,
Soll euch der Trank gesegnet sein.

Neben Gewittern.

Im sonnengleißenden Erdbeerhag
Die Kupfernatter geringelt lag,
Auf dürres Moos und verkrüppeltes Holz
Der Mittag sengend niederschmolz,
Am Horizont aus Dunst und Hitze
Wuchs schweres Gewölk im Sonnenblitze.
Ein Krater schien es, dessen Rachen
Von Brausen schwoll, von dumpfem Krachen,
Wie Donner klang es rastlos grollend,
Wie Knattern und Brodeln, in Stößen rollend.
Dort drüben rangen, verhüllt von Dampf,
Zwei Heere den Vernichtungskampf,
Es schnürte sich ein stählernes Netz
Um das berannte, verlorene Metz.
Doch freundlich schien die Sonne hier;
Auf Posten stand ein Grenadier,
An Wuchs ein Riese, hell von Haar,
Ein Kerl, mit dem nicht zu spaßen war,
Der sperrte den Weg und rief sein Halt.
Vor ihm, kaum sechzehn Winter alt,
Barfüßig ein Mädchen, im Kleid voll Flicken,
Maß den Prussien mit bösen Blicken.
Und wie er schweigend rückwärts wies,
Schlich sie beiseit durch Heid und Kies,
Wollt' Beeren sammeln in einen Krug,
Den mühsam ihr Arm, der magre, trug,
Doch tief im sonnengleißenden Hag

Die Kupfernatter geringelt lag,
Die hat, zu züngelndem Sprunge gezückt,
Den Zahn in des Mädchens Ferse gedrückt.
Aufschreit das Opfer, sinnberaubt —
Da senkt der Feind sein behelmtes Haupt,
Und niederknieend hält er fest
Den Mund auf die bläuliche Wunde gepreßt,
Aufsaugend das Gift, errettend das Kind.
Es hob sich kühl der Abendwind,
Auf zwei gesenkte Menschenstirnen
Fiel Liebesgruß von ew'gen Firnen.
Sie schieden; die Sonne sank heiß und sacht,
Im Blutrausch vertobte die Sommerschlacht,
Ein Völkerkampf brach dort sich Bahn,
Hier ward ein Liebeswerk getan,
Und welches der Werke größtes war,
Macht einst das Jenseits offenbar.
Denn nur die Liebe kann erlösen
Von Haß, von Krieg, vom Fluch des Bösen.

Glück und Ende.

Von bibelfestem Stamme
War meiner Eltern Haus,
Am Herd sang hell die Flamme,
Kein Bettler am Straßendamme
Ging unbeschenkt hinaus.

Die treuen Alten saßen
Bei Mosis Testament,
Der Jugend sie vergaßen,
Nun zieh' ich auf stürmischen Straßen
Zu Karl dem Kaiser nach Gent.

Zwei Linden bräutlich wanden
Ihr brausendes Geäst,
Zwei Herzen jung sich fanden;
Fahr, schöne Welt, zuschanden,
Eh' eins vom andern läßt.

Ein Krieg war hoch erglommen,
Verloren ging die Schlacht,
Es ist ein Sturm gekommen,
Der hat mein Glück und Frommen
Der Erde gleichgemacht.

Die Meinen ruhn, vergessen;
Der Liebsten roter Mund
Singt hell auf Markt und Messen,
Singt hell — am Herzen wessen?
Singt noch zur Sterbestund'.

Viel schwarze Wolken schweben,
Die Sonne sticht darein,
Ein Schauer jagt durchs Leben.
Dereinst muß viel Vergeben,
Muß große Tröstung sein.

Der Blitz hat eingeschlagen.
Ich fahre, woher? wohin?
Die Welt steht voller Fragen;
Weiß keiner mir zu sagen,
Weshalb ich noch fröhlich bin.

Lortzingfeier.

Dein Tag, o Meister Lortzing, stieg in Pracht.
Der Nebel reißt, der einst auf deinen Wegen,
Auf der Erkenntnis deiner Zeit gelegen.
Denn echte Kunst hat Auferstehungsmacht.
Verstoben ist der Wehmut flücht'ge Wolke,
Der Himmel strahlt, von Frührot angefacht.
Was deiner Sehnsucht großer Sturm geboren.
Klingt hell zurück zu heimatlichen Toren,
Zum deutschen Volke.

Doch die Heimat kennt
Der Sterne viel an fremdem Firmament;
Wenn Genien zu unsren Söhnen treten,
So töten wir des eignen Stamms Propheten.
Gedankengut, aus fremdem Feld entsprossen,
Wir öffnen weit die Herzen ihm, die Türen,
Gar oft geschieht's, daß wir auf kräft'gen Rossen
Gedroschnes Stroh in unsre Tennen führen.
Das deutsche Volk mißtraut den eignen Trieben,
Läßt seine Dichter darben, tief verzagen,
Und starben sie, hält es voll spätem Lieben
Ein Redefest an ihrem Totenwagen.
Im Lebenskampf, im Ruß und Essenrauch
Bleibt oft der Ruhm ein blut'ger Dornenstrauch,
Und manches Werk, das späten Zeiten teuer,
Verglimmt im Alltag wie ein Hirtenfeuer.

Deutsch bis zum Grund — du warst und bist es heut',
Ein starker Halm, der volle Saat gestreut,
Ein treuer Baum, des Astwerk, weit gebauscht,
Von Märchenlust, von Lieb und Leid gerauscht,
Ein Rebstock gut, des edler Feuergeist
In Pracht und Kraft von Herz zu Herz gereist.
Du gabst im Lied, was deinem Volke teuer:
Des Mühlbachs Rauschen und das Köhlerfeuer,
Der Nixe Lockruf, die im Schilfteich lacht,
Das tiefe Raunen der Johannisnacht,
Das rasche Sprudeln wanderlust'ger Quellen,
Das derbe Trinklied fahrender Gesellen,
Der Mönche Chor, des Hirten Avebeten,
Soldatenlust, dreinschmetternd wie Trompeten,
Selbst der Geschichte streng gefügtem Bann
Nahmst du den Baustein Zar und Zimmermann,
Des Russenkaisers weite Reichsgedanken
Umwob dein Lied mit frohen Blütenranken;
Du Großer, sprach es, der des Undanks Pein
Einst grollend trug — laß teilen uns den Kranz,
Komm, halte Rast am deutschen Herzensschrein,
O selig, selig, noch ein Kind zu sein.
Wehmut und Frohsinn in vereintem Spiele,
Dein Meistergut, die deutsche Kunst gewann's.
Kein Cherub warst du, dessen Schwertschlag gleißt,
Durch Kunstepochen Flammenlücken reißt,
Nein, heiter blieben deiner Tonkunst Ziele,
Der Schönheit treu, davon das Auge sprüht,
In deren Reigen bis zur Altersgrenze

Ein jedes Herz, das hold dem Liebeslenze,
Hinträumend schwebt, von Frauenkuß durchglüht.
Ob sinken müssen alle Freudensonnen,
Dein Lied durchrauscht ein heil'ger Jugendbronnen,
In deiner Dichtung waltet ein Magnet,
Der fest zu Gott, zur ew'gen Heimat steht;
Und solche Kunst, ob jeder Lenz verbrause,
Führt ihre Jünger, führt ihr Volk nach Hause.

Uns grolle nicht, daß wir dich spät erkannt.
Der Eintagsgast, des leichten Glückes Jäger,
Der Gunst und Gold einrafft mit kecker Hand,
Ward nie ein großer, ernster Lorbeerträger,
Er glänzt, vergeht, denn ihm genügt die Zeit,
Nur späte Liebe bringt Unsterblichkeit.
Das hast einst du mit jugendbraunen Haaren
Gehofft, geglaubt, und sollst es jetzt erfahren.
So manches Werk, das flücht'ger Gunst gefrönt,
Nahm dir vom Tisch des Brotlaibs karge Reste;
Du lächeltest, voll Wehmut, traumgekrönt,
Das Kommen ahnend reicher Erntefeste.
Wie hat die Zeit gerichtet und versöhnt!
Ein einig Volk vom Wasgau bis zum Belt
Preist heute deines Werdetags Jahrhundert;
Das seichte Gut, einst hochbelohnt, bewundert,
Schwamm längst, wie Schaumgold, fort im Strom der Welt.
Nur wahrer Ruhm hat scharfen Fittichschlag,
Durch Dunstgewölk, durch zeitlich kurze Trauer,
Bricht er sich Bahn zum Frühling ew'ger Dauer,

Denn hundert Jahre sind ihm wie ein Tag.
Du streutest Rosen, erntetest Zypressen,
Trüb war dein Weg, doch hell dein später Glanz;
Nun rinnt dein Lied, verklärt und unvergessen,
Nimm unsres Dankes schlichten, vollen Kranz.
Wir werden ewig deinen Namen schreiben
Zu guten Sternen, die da sind und bleiben.

Siegesleid.

Erbebend blickt das Volk, doch mit Behagen,
Den Kämpfern nach, die bleich, im Schollentanz,
Ihr Dreigespann schräg durch die Rennbahn jagen.

Die schwarzen Hengste, die gleich Ungewittern
So zügelfremd und wild durchs Leben gehen,
Daß Frauen jubeln, Männerherzen zittern,
Sie sind des Dichters Eigengut, Ideen.

Doch wer sie lenkt, rafft sich vom Haupt den Glanz,
Denn lähmend schleift am besten Siegeswagen
Der Nichterfüllung schattenvoller Kranz.

Beim Lebensfest.

Im Wirtschaftsgarten in der Pfalz,
Dort strebt zum kühlen Kellerhals
Der Sonntagsgäste Welle.
Der Weg war weit, heiß sticht der Staub,
Hier stehn im jungen Buchenlaub
Schießbuden, Karusselle.

Es poltert von der Kegelbahn,
Hell kreischen, wenn der Wurf getan,
Nähmädchen, Dorfesschönen;
Der Wirt hat schwarz-weiß-rot geflaggt,
Ein Droschkenzug naht, hochbepackt
Mit flotten Musensöhnen.

Die Militärkapelle blitzt,
Der Stabstrompeter, goldbelitzt,
Kramt in den Partituren;
Ein Marsch verklang, ein Walzer schwieg,
Dazwischen lärmt der Spatzenkrieg
Frechfroh nach Krümelspuren.

Und plötzlich steigt ein Lied empor,
So voll, so fest wie Männerchor,
Der Freiheit zugesungen;
Ein Schwur, dem Vaterland geweiht,
Dem Lieb, der Burschenherrlichkeit,
Ein Gruß von Flammenzungen.

Die Sonne hinter Pappeln sank,
Ein Bravo schallt von ferner Bank,
Die Teller klappern weiter.
Laßt, Liesel, und du, Gretelein —
Mir fiel ein Falter in den Wein,
Die Welt ist allzu heiter.

Die Weise hab' ich einst erdacht,
Als mir in heißer Liebesnacht
Nach Ruhm die Schläfen brannten.
Der Ruhm ist hin, mein Lieb ist tot,
Nun fiedeln das Lied im Abendrot
Beim Bier die Musikanten.

Bald steigt vom kahlen Rebenberg
Ein vielbegehrtes Feuerwerk.
Ich gleiche der Rakete,
Die, kurz bestaunt, im Funkenschlag
An einem sinkenden Sommertag
Hoch über den Massen verwehte.

Tiefblaue Veilchen.

Ich seh' es wie gestern. Ein Sommertag
Verblutend auf den Giebeln lag,
Sie barg, erschreckt, am Elternhaus
Ins Haar den welkgeküßten Strauß
Von blauen Veilchen.
Wir kamen vom ersten Stelldichein,
Sie sprach: Dein eigen will ich sein,
Wart nur ein Weilchen.

Da griff in die Speichen ich jubelnd dem Glück,
Das warf mich zum Straßenrand zurück.
In Mädchenherzen liest, wer's kann —
Sie nahm den andern, den reichen Mann.

Jetzt geh' ich, wann ich Muße hab',
Vors Tor hinaus an ihr grünes Grab;
Die Schwalben zwitschern im Abendgold,
Ein Kinderlachen schallt fremd und hold,
Die Welt steht voller Veilchen.
Ich male mit des Krückstocks Rand
Der Liebsten Namen sacht in den Sand;
Wart' noch ein Weilchen.

Fliehendem Glücke.

Nun wurde leer der Laubengang,
Daraus der Liebsten Lachen klang,
Ihr süßes Lachen frühlingsvoll
Im abendroten Park verscholl;
Von ihrem Schritt zurückgeschnellt,
Ein Buchenast noch schwingend wellt,
Und über Gartentiefen fort
Schwebt süß ein letztes Liebeswort.
Es wiegt sich, wo mein Traum verging,
Im Abendgold ein Schmetterling;
Sacht, wie ein müder Herzensschlag,
Verstob der goldne Sommertag.

Mein junges Glück, verrausche nur,
Zieh hin, mein Herz, auf jener Spur,
Darauf kein Wanderer irrt noch frägt,
Darauf mit hellen Melodien
Der Herbstwind welke Rosen trägt
Und alles, das einst herrlich schien;
Was süß uns deucht, was herzenshold,
Ist alter Leiden Segensgold;
Was einst uns tiefes Weh gebracht,
Weckt Lenze, die von ew'ger Pracht.
Vom Thron des Höchsten rauscht zurück
Der dunkle Spruch: Nur Leid schafft Glück.
O Herz, des Sonne sich verhüllt,

Sei heil'gen Jubels tief erfüllt;
Wer träumend heimwärts trug sein Leid,
Erglänzt schon hier im Feierkleid,
Auf bittres Voneinandergehn
Folgt Wiedersehn, ja Wiedersehn.
Der Abendwind bricht kühl herein,
Der junge Tag wird strahlend sein.

Die Weggesellen.

Es waren treue Genossen,
Die wollten wandern zu drei'n,
Untrennbar, unverdrossen,
Bis in den Himmel hinein.

Sie zogen des Weges und sangen
Durch schlafende Dörfer weit;
Sternschimmernde Brunnen sprangen,
Es glomm das Frührot breit.

Vor Straßburg steht eine Schenke,
Dort prangte der Flieder süß,
Dort blitzte das Schild im Gehenke,
Frau Wirtin lachte: Gott grüß.

Sie hob die Kannen, die Töpfe,
Der Schelmin Auge stach,
Es flogen die knisternden Zöpfe;
Der Wandrer erster sprach:

Hier fand ich Frohgenügen,
Gott schenkt mir Freudenwein
Aus tiefen Silberkrügen:
Der Wirtin Herz ist mein.

Die beiden zogen voll Sinnen
Hinaus in den Sommertag;
Wenn einer will freien und minnen,
Kein Kraut dem helfen mag.

Sie wanderten gut und lange,
Da sank dem zweiten die Hand:
Freund, mir wird heimatbange,
Zu heiß den Weg ich fand.

Er legte sich hin, zu rasten,
Da wehten die Gräser kühl,
Da rauschten die sturmerfaßten
Linden am Kirchhofsbühl.

Nun zieht der Staub auf den Wegen,
Der dritte wandert allein
Dem ewigen Lenz entgegen,
Durch Sturm und Sonnenschein.

Er hat manch Lied gesungen,
Weiß keiner, woher er's nahm;
Zu keinem ist Kunde gedrungen,
Ob in den Himmel er kam.

Die Fremden.

Als dunstig der Mond am Waldrand vergangen
Und liebebrütend die Mainacht war,
Da hielten zwei Herzen sich selig umfangen,
Sie wähnten, es wär' auf immerdar.

Sie sprachen von Glück, von guten Engeln,
Es hauchte die Heumahd ein Todesarom,
Fern von den Wiesen scholl Sensendengeln,
Die Nixe sang ihr Lied im Strom.

Es fiel ein Stern am Himmel droben,
Zog sprühend eine kurze Bahn,
Und jene Herzen sind längst verstoben
Im Lenzorkan.

Sie wanderten, weinten, sie starben, verwehten;
Nun leuchtet die Mondnacht, wir wandern zu zwei'n,
Und jubeln zum Himmel, und sorgen, und beten,
Daß unsre Liebe mög' selig sein.

Der betrübte Landsknecht.

Das Land durchströmt der Regen,
Singschwäne südwärts ziehn,
Nun will aufs Herz ich legen
Ein Sträußchen Rosmarin.

Das haben zwei Hände, zwei schmale,
Durchflochten mit schwarzem Band,
Drauf haben zum letzten Male
Zwei Mädchenlippen gebrannt.

Hoch braust ein Krieg durch Flandern,
Dort muß gewürfelt sein,
Die Werbetrommeln wandern
Um Jülich und Bei-Rhein.

Nach Spanien über die Schelde
Zieht gleißender Heerestrab;
Herr Christ, hilf allen zu Gelde,
Uns beiden gib ein Grab.

Drauf sollen zwei Linden wiegen
Die Wipfel glückbesonnt,
Draus sollen zwei Herzen fliegen,
Die nimmer sich trennen gekonnt.

Hugenottenlied.

Der Staub bedeckt die Hügel,
Antraben Heeresflügel,
Bataille ward heut' angesagt.
In großer Morgenkühle
Steht brennend eine Mühle;
Ihr Funkenschopf zum Himmel ragt.

Es rückt beim Trommelstreiche
Das Heer zum Scheldedeiche,
Der Feind im Rottenfeuer steht;
Der Brände Schwaden schmauchen,
Und durch den Wind ein Rauchen
Verkohlter Ketzerknochen geht.

Drei Sünden tun mich brennen,
Die will ich frei bekennen,
Sind Würfel, Wein, sind Weib genannt.
Auf, Feldchoral, ertöne,
Die Drachenbrut, o Herr, gewöhne,
Zu fressen zahm aus deiner Hand.

Am Brückenkopf der Schelde
Ballt sich zuhauf im Felde
Feindlich gesinnte Reiterei.
Stückknecht, greif frisch zur Lunte
Und triff ins Herz die bunte
Hispanisch-röm'sche Kumpanei.

Nun fällen wir die Speere,
In unsre blanke Wehre
Einlaufe Welscher und Papist.
Heut' lernen Knecht wie Fürsten,
Daß es um Ruhm und Länderdürsten
Ein böses Kegelschieben ist.

Jetzt schmettern die Kartaunen,
Im Stoße der Posaunen
Verschläng' uns gern der Fürst der Welt;
Ein Dunstgewölk voll Panzerblitzen,
Ein Wettersturm voll Pallaschspitzen
An unsrer Lanzenfront zerschellt.

Die Seidenfahnen schweben,
Gar vielem jungen Leben
Ist bittres Sterben nah.
Fahr, Welt, fahr, Gut, von hinnen,
Herr Christ, hilf uns gewinnen
Die Schlacht in Ehr' und Gloria.

Der Gernegroß.

Am heißen Feldweg hebt sich still
Aus Nesseln und Königskerzen
Marias Bild, die segnen will
Mit sieben Schwertern im Herzen.

Ein Wanderbursche des Weges zog,
Lehr beten mich, o Marie.
Sein Bündel in das Kornfeld flog,
Er selber sank in die Kniee.

Ich habe nicht Vater noch Mutter mehr,
Nur Liebchen, die mein vergaßen,
Mir steht der Säckel kupferleer
Und vor mir stäuben die Straßen.

Ich bin ein Bruder Tunichtgut,
Zum Schnapphahn wie geschaffen.
Im römischen Reiche voll Rauch und Blut
Möcht' eines Hauptmanns Federhut
Ich bittergern erraffen.

Der Galgen ist dein sichres Ziel,
Weissagten mir die Basen.
Maria, gib, daß der Galgen viel
Mir nachsehn mit langen Nasen.

Der Schlachtwind bläht die Fahnen auf,
Die Rottensalven rollen,
Die Trommler schlagen geh dran geh drauf,
Manch Krönlein wankt auf Kipp und Knauf;
Möcht' eines mir fallen wollen.

Ich ritte heim zur Vaterstadt,
Ich lobte, Maria, dein Wunder,
Ich schöre den Basen die Scheitel glatt,
Ich machte viel arme Hälse satt
Mit Hirschfleisch, mit Burgunder.

Ich bin ein armer Gernegroß,
O Jungfrau, wirf geschwinde
Ein blitzend Sternlein aus deinem Schoß,
Daß ich groß Wegglück finde. —

Maria spricht im Sonnenbrand:
Bitt, daß am letzten Wege
Der Heiland dermaleinst die Hand
Aufs Haupt dir tröstend lege.

Letzter Tanz.

Über Giebel buntgezackt
Zieht der Rauch im Abendwinde,
Junges Volk im Walzertakt
Tanzt am Stadttor um die Linde.
Liebste, die Sonne geht rasch zu Tal,
Stecke den braunen Goldlack ins Mieder,
Laß uns tanzen ein einzigmal,
Dann nicht mehr wieder.

Liebste, die Sonne hat roten Schein,
Geigen und Pfeifen gellen;
Ringelreih'n,
Laß dich frei'n,
Liebste, heut' muß geschieden sein,
Nahmst einen andren Gesellen.

Liebste, der Tag verloht,
Tanze von einem zum andern,
Einer wird wandern
Zum Kaiser nach Flandern,
Wird sich ertanzen
Vor Festungsschanzen
Soldatentod.

Verstummt, ihr lieben Geigen,
Die Nacht zieht auf in Schweigen,
Tief, uferlos.
Mein Pfad ist früh verstoben,
Doch über uns, hoch oben,
Wie ist der Himmel so hoffnungsgroß.

Die Ketzertaufe.

Der Tauwind streicht durch Böhmen,
Die Frühlingswasser strömen
Gen Prag, zur Moldaubruck,
Dort schaut zum Flutentanze
Aus seinem Sternenkranze
Der steinerne Sankt Nepomuk.

Von Pragas Rebenhängen
Scholl Lärm, kam wüstes Drängen,
Ein fürnehm Mägdlein ward geschleift,
Das zücht'ge Kleid zerrissen
Gleich wie von Wolfsgebissen,
Die schmalen Hände strickumstreift.

Es zog mit Mann und Rossen
Ein Ritter, fahrtverdrossen,
Der hob das Haupt, schob sacht den Sporn.
Gebt Raum, ihr Straßenhocker,
Sonst wird die Hand mir locker;
Was tat dies Weib um euren Zorn?

Die Dirne hat gefrevelt,
Die Hexe wird geschwefelt,
Hat nicht gekniet vor der Monstranz;
Nun gilt es Ketzertaufe!
Zur Moldau trieb der Haufe,
Im Schlitzaug' tückevollen Glanz.

Der Ritter zwang den Schimmel
Ins fauchende Gewimmel.
Ich bin nicht Böhm' noch Hugenott';
Papst oder Martin Luther
Ist gleiches Seelenfutter,
Dies Weib gebt frei, sonst straf euch Gott.

Ins Herz sind ihm gefunkelt
Zwei Augen gramverdunkelt,
Doch hell von Hoffnungstränensaat.
Helft Herr, der Tod ist bitter;
Deutsch sind die Meinen, Ritter,
Hier ruht all meine Missetat.

Da hob sich, stürzte, blitzte
Das Ritterschwert und schlitzte
Der grimmen Wenzel Zottelschopf.
Zu spät — denn, stoßbegleitet,
Von Goldhaar mild umspreitet,
Das Mägdlein flog vom Brückenkopf.

Ein Hufblitz auf der Brüstung,
Um Mann, um Roß und Rüstung
Aufklatschend brach der Moldaustrom.
Vom wutentbrannten Volke
Schwoll eine Flucheswolke,
Dumpf scholl der Mette Schlag vom Pragerdom.

Die Wellen wirbeln, schießen,
Mein Lieb, laß dich umschließen,

Wie sind wir still gesinnt;
Uns Königskinder beide
Kein tiefes Wasser scheide,
Der Tod den Sieg nicht obgewinnt.

Die Wellen wandern, flimmern,
Die Uferweiden schimmern,
Das starke Schlachtroß stampft und schwimmt;
Fahr wohl, o Flutgerinnsel,
Auf ufernaher Insel
Mein Lieb zum Leben neu erglimmt.

Am Ufer sprengen Knappen,
Die Lanzenfähnlein flappen,
Der Ritter heimwärts lenkt die Bahn.
Auf bunten Roßschabranken
Führt er sein Lieb nach Franken,
Den Segen spricht der Burgkaplan.

Der Ritter schirmt sein Krönlein,
Er hebt gar bald ein Söhnlein
Dem greisen Roß zum Widerrist.
Schwarz streicht der Haß durch Böhmen,
Laß Kraft und Treue strömen
Aufs Deutsche Reich, Herr Jesus Christ.

Der grübelnde Landsknecht.

Die Dörfer brennen lichterloh,
Im Eisgang kracht die Schelde,
Nun, Landsknecht, raffe dich vom Stroh
Und mach dein Leben zu Gelde.

Die Fürsten sitzen im Kaufherrnsaal
Zu Brügge, sie tauschen Pfänder;
Karl Quint, der Weltmacht Prinzipal,
Hält Markt um Völker und Länder.

Gottgnadentum und Herrscherziel,
Dem müssen die Mühlen brennen.
Wir sind die Buben im Königsspiel,
Fallend wie Halm auf den Tennen.

Der Kaiser hat's erträumt, gewollt:
Kein Friede wird geschehen,
Eh' nicht die Sonne sein Reich durchrollt
Auf Nimmeruntergehen.

Die Länder sind erstürmt, errafft.
Gewonnen heißt zerronnen,
Denn Kaiserwille bleibt kurze Kraft,
Und Völker sinken wie Sonnen.

Ein Haus, ein Weib von treuem Sinn,
Hilf Herr, daß ich's erringe;
Dann hätt' ich das Reich und die Sonne darin,
Die niemals unterginge.

Der letzte Gang.

Wie dieser Gang begonnen,
Weiß kaum die liebe Sonnen,
Vielleicht, daß es ein Mägdlein wüßt',
Die mich zu Nimmerlassen
Auf morgenhellen Gassen
Beim Ausmarschieren hat geküßt.

Die Mutter fuhr vom Schragen:
Durchs Land die Trommeln schlagen,
Das deutet Krieg und Völkerbrand.
Den Buben soll ich geben,
Damit die Fürsten leben;
Der Antichrist, hilf Herr, nimmt überhand.

Mein Liebchen zerrte bange
Am Klosterpfortenstrange:
Daß meinen Schatz kein Tod mir nimmt,
Will ich ein Nönnlein werden,
Will beten fromm auf Erden,
Solang das ew'ge Lichtlein glimmt.

Als jener Pakt geschlossen,
Lag ich, mit Mann und Rossen,
Auf Torwacht zu Brabant.
Im Rausch der Weinkrugsgötter —
Fahr hin, du Frauenspötter —
Erstach ich meinen Leutenant.

Die Schuld soll ich begründen?
Herr Feldobrist, mein' Sünden
Büßt lebenslang ein Mägdelein.
Will nicht des Namen nennen,
Ein Blümlein tu' ich kennen,
Das heißet Nievergeßichdein.

Drei große Trommeljane
Gehn vor umflorter Fahne;
Das Volk die Schiebefenster lüpft,
Will schauen, wie zur Schande
Auf einem Haufen Sande
Der Blondkopf mir vom Rumpfe schlüpft.

Schon winken fromm und heiter
Von goldner Jakobsleiter
Viel Englein mir voll Zuversicht.
Bitt, Kapuzinerpater,
Für mich zum ew'gen Vater;
Ein schlimmer Landsknecht war ich nicht.

Im Erntebrand.

Durchs Sonnenland der Glutwind zog,
Der Mais die gelben Stauden bog.
Am Strombett leer und glimmerseicht
Spitzpappeln starrten staubgebleicht,
Durch goldne Fernen, im Erreißen
Fuhr Sensenblitz, glomm Sichelgleißen.
In Staub und Hitze zitternd fiel
Vom Turm das Mittagsglockenspiel.
Da ließen in der Furchenspur
Vom Werke Mensch wie Kreatur,
Es wanderte, begehrt, im Kreise
Der Henkelkorb beschwert mit Speise,
Gar hochwillkommen, ging umrund
Der Steingutkrug, gebaucht und bunt.
Dann streckte sich der Glieder Last
Zu sonnenüberglühter Rast.
Das Zugtier lag im Joche käuend,
Und Stille ward. Da hob erneuend
Das Glockenwerk den schrillen Ton.
Die Schläfer reckten sich zur Fron,
Die Stiere wurden frisch geschirrt,
Fort ging's in den Raubtag, glutumschwirrt.

Zwei Menschen der Zeit vergessen hatten,
Sie saßen in einer Garbe Schatten
Und buchstabierten den alten Psalm,
Daß bald ein Hüttlein sie gründen müßten,

Auch glaub' ich, daß die zwei sich küßten;
Fern schor die Sichel den goldnen Halm.
Doch hinter ihnen ein Engel stand,
Der wies hinaus in den Erntebrand,
Ein Engel mit Flügeln spitz und weiß,
Im bleichen Gesicht ein Frongeheiß.
Da wurden die Menschlein schrecksam wach
Und eilten errötend der Arbeit nach.
Ich aber nahte mitleidsvoll,
Indes die Brust vor Zorn mir schwoll,
Und frug: Mein Hoher, was wehrest du
Den beiden ihr Stündlein Glück und Ruh'?
Wir prägen unsern Kindern ein,
Daß Engel liebreich müssen sein.

Der Engel sprach: Aus fernem Licht
Bin ich ein Gast, und faß es nicht,
Daß Menschen, die zum Himmel sollen,
Auf Erden so gern sich sonnen wollen.
Jedwede Rast, dem Glück geweiht,
Bleibt Täuschung, bleibt verträumte Zeit.
Denn tiefer als Glück, als Feiertag,
Und schöner als schuldloser Herzensschlag
Ist Ewigkeit.

Im Frühjahrssturm.

Das ist ein Südsturm schlimmer Art,
Der uns zum Spiel ersah;
Wir trotzen dem Schiffbruch, wir wagen die Fahrt,
Wir wollen nach Ithaka.

Wir spielen mit der See Versteck,
Der Schoner rollt und stampft,
Indessen schäumend übers Heck
Die weiße Sturzsee dampft.

Fern ragt ein Land aus Duft und Traum;
Wer diesem Ziel geglaubt,
Dem schüttet der griechische Meeresschaum
Unsterbliche Jugend ums Haupt.

Verloren ist, wer wankt und weicht,
Bis er den Sturm bestand.
Gewagt und gewonnen! Die Segel streicht!
Wir grüßen dich, Götterstrand.

Herbst in Ligurien.

Schon bräunt den Rheingau rauher Frost,
Fern liegt das Winzerfest;
Nun spende, du Südland, Freudenkost,
Der Lese goldnen Rest.

Dort gurrt in heißer Gartenzier
Manch schnäbelndes Taubenpaar,
Dort leuchtet vor jedem Pfirsichspalier
Goldblondes Frauenhaar,

Dort ranken um Erker und Giebeljoch
Sich Rosen düsterrot;
O juble, Herz, daß einmal noch
Der Lenz dir die Lippen bot.

Noch einmal kehr wieder in voller Pracht,
O Jugend, verloren, beweint,
Laß durch die warme Novembernacht,
O Liebste, uns wandern vereint,

Aus Blütenfall, aus Moderduft,
Von sterblichem Erdenglück
Durch tobende, tosende Regenluft
Zu Gott zurück.

Gruß an Venedig.

Venedig ragt aus den Wogen,
Die bunte verträumte Stadt,
Von Taubenschwärmen umflogen,
Von Sonne, von Schönheit satt.

Die Wellen glitzern und schäumen,
Sie wandern und raunen weit
Das Lied von versunkenen Träumen,
Von Dogenherrlichkeit.

Eins ist dir treu geblieben,
Du Zauberin am Meer:
In dir wägt leicht das Lieben,
Fällt auch der Tod nicht schwer;

Dort, wo dich, glanzumsprühte,
In heißem Lenzgelüst
Ein Tag, der kaum verglühte,
Zu neuem Festtag küßt,

Wo weiße Paläste schwimmen
Auf Meeresmelodien,
Wo tausend Gitarrenstimmen
Frohlockend zum Himmel ziehn.

Weihnachtsreise.

Venedigs Spätherbstfeier
Ist letzter Lese nah,
Schon hüllt sich in Nebelschleier
Die Herrin der Adria.

Es triefen die weißen Arkaden,
Die Sonne trägt bleichen Schein;
Nicht mag ich mein Herz mehr baden
Im finstern Fiumanerwein.

Venedig, du sonnenumstreute
Laguneserin,
Mich zieht ein Weihnachtsgeläute
Zur deutschen Heimat hin.

Thüringens Berge liegen
In Schneelast tief und weich,
Frau Holle läßt fröhlich fliegen
Die Schwanendaunen durchs Reich.

Ich höre die Glocken schallen
Von Fuldas Bischofsdom,
Es zieht aus den Häusern allen
Lobsang und Lichterstrom.

Es funkeln die Sternenheere
Der Heimat als Liebespfand;
Gott in der Höhe sei Ehre
Und Friede dem deutschen Land.

Vor Blankenese.

Die lustige Stadt den Berg erklimmt
Auf schimmernden Treppenreihen,
Musik und Fahnenleuchten schwimmt
Hoch über den bunten Basteien.

Dort prangt das Leben, lustgewillt,
In hellen Festgewändern ,
Der Elbstrom, blank, breitglitzernd, schwillt
Und ebbt zu fernen Ländern.

Ein weißes Segel ostwärts steht,
Groß Glück kommt heimgeschwommen,
Manch helles Tüchlein winkt und weht,
O Heimatland, willkommen!

Es kehrt von großer Fahrt nach Haus
Ein Vollschiff, reich an Frachten;
Auch unser Herz zog einst hinaus,
Nach Lebensgold zu trachten.

Ob Sturm, ob Glück am Steuer stand,
Ein Gut ist treu geblieben —
O deutsches Land, o Vaterland,
Dir gilt das letzte Lieben.

Hochgewitter.

Die Felder duften kleedurchwürzt,
Die Nacht ist schwarz, der Regen stürzt.

Am Hügelkamm ein Wetter braut,
Grell schießt der Blitz ins Heidekraut.

Vom Giebel uns, um Christi Leid,
Wend ab, o Herr, das Feuerkleid.

Nimm, Frau, vom Tisch das Linnentuch
Und hol das alte Bibelbuch,

Ich bin der Herr, steht's in der Schrift,
Ob dich ein jäher Tod auch trifft.

Das war ein Knattern, bretterhohl,
Den morschen Birnbaum traf es wohl.

Das Fenster klirrt, voll roten Lichts,
Herr, sei mit uns, wir fürchten nichts.

Die Diele schwimmt in Schwefelschein;
Herr, ich bin dein, und du bist mein.

Den ew'gen Lebensworten lauscht —
Der Blitz verloht, der Regen rauscht.

Nun stehen wir feiernd vor dem Tor,
Der milde Vollmond taucht empor.

Uns hat die böse Wetternacht
Den Glauben wetterfest gemacht.

Psalm 74, Vers 19.

I.

Gib nicht dem Tier die Seele deiner Taube —
O tiefste, herzbeweglichste der Klagen,
Die Menschenmund zu Gott emporgetragen
Aus Sündenqual, aus heißem Wegesstaube.

Ein jeglich Kind, das sich zum Leben drängt,
Trägt unsichtbar seit frühstem Erdenwallen
Ein Katzentier, das ihm am Halse hängt
Mit Funkelblick und schlummerweichen Krallen.

Das dehnt sich, schnurrt im warmen Wiegenschoß.
Vom gleichen Saft, daran aus Mutterbrüsten
Das Kind erstarkt, zieht es sich selber groß,
Wächst mit des Jünglings ersten Schuldgelüsten.

Doch ist der Sünde rote Tat gediehn,
Dann herrscht das Tier; dann, mit gewalt'gen Bissen,
Hetzt es den Träger, der ihm Macht geliehn,
Von Herd und Haus, von Glück und Ruhekissen.

Trüg' Zwillich er, trüg' er Ministerfrack,
Am Nacken ihm aufschwillt und hängt der Tiger;
Kein Helfer ahnt das grauf'ge Huckepack,
Kein Weib, kein Freund, kein Arzt, kein Miterlieger.

So wälzt sich fort, durch Glanz, durch Sündentrug,
Durch Durst und Rausch, auf hoffnungsloser Reise
Ein buntgefügter, langer Sklavenzug
Von Fluchbeladnen, die dem Tier zur Speise.

Umsonst für sie hat jener Psalm gelobt,
Der Bitten tiefste von Prophetenlippe.
Das Tier ward satt, und schweigend senkt die Hippe
Zur tauben Saat im Mittagsglanz der Tod.

II.

So führt uns jäh des bösen Herzens Bahn
Durch Lebensqual zum gräßlichsten der Schrecken,
Zum Sündensold, den uns das Tier getan,
Zum zweiten Tod, davon kein Auferwecken.

Da steht am Weg, drauf unser Fuß geirrt,
Im Abendwehn der große Lebenshirt.
Der Staub, glutschwer, zu Füßen ihm verstiebt;
Er spricht: Ich hab' von jeher dich geliebt.

Wer zu mir kommt, ich rett' ihn vom Verderben,
Nicht er — das Tier, das lüsterne, wird sterben.
Mein heilig Blut hab' ich für dich gegeben,
Nun wirst dereinst du sündlos, sieghaft leben.

Die Kornernte.

Vorn im Sonnenbrand
Hasten braune Schnitter,
Überm Ernteland
Türmt sich fernes Hochgewitter.

Durch die Wolkenränder
Donner schüttert leis,
Und ein Windstoß heiß
Wirrt des Erntekranzes Bänder.

Geißeln flicht die Nacht
Grell, in Schwefelfarben.
Sorgt nicht! Heimgebracht
Sind gar bald die letzten Garben.

Sei's durch sanften Hauch,
Sei's durch Blitzesfeuer,
Führ dereinst mich auch,
Herr, in deine Scheuer.

Kirchgang.

Manch Sonntag ging durchs weite Land,
Das schlichte Kirchlein mocht' es wissen,
Das einsam einst am Bühle stand,
Umrauscht von Lindenfinsternissen.

Die Glocken schwangen tief und matt
Im Nebelrauch, im Ruch vom Torfe,
Manch Weiblein alt und lebenssatt
Kam treulich aus dem fernsten Dorfe.

Manch starker Knecht um Gottes Lohn
Sang redlich, daß die Wandung hallte,
Dünn quoll der Orgel Zitterton
Aus sacht verstimmtem Pfeifenspalte.

Und hinter Scheiben, bleigetönt,
Die Bauern saßen, halb im Dämmern,
Auf Häupter, die der Fron gewöhnt,
Begann das Predigtwort zu hämmern.

Verstohlen trat dann manches Mal
Zum Fensterlein der graue Küster
Und sah hinaus in den Freudensaal,
Ins lachende, lenzende Lindengeflüster.

Der alte Pfarrer schalt gar hart
Und dachte mild; im Bart, dem weißen,
Glomm die vernarbte Schlägerquart,
Denkmal aus Tagen, jugendheißen.

Gar streitbar stand er im Ornat,
Sein Donnerwort hat ungewittert
Auf Tanzmusik, auf Kleiderstaat,
Auf Herzen, die von Geiz verbittert.

So hab' im dunklen Kirchenstuhl
Ich oft geharrt in langen Jahren,
Manch kräftig Wort vom Höllenpfuhl
Ist über die Häupter hingefahren.

Doch draußen lachten sonder Leids
Die weiten Lande, lenzumschlungen,
Als harrten sie gläubig des herrlichen Kleids,
Davon Prophetenmund gesungen,

Als warte getrost die Kreatur
Des Tages verheißner Seligkeiten;
Und raunend zog die heilige Spur
Der Wind wie zu Jesaias' Zeiten.

Wo lachst du Himmel, tiefdurchsternt
Einst aufgebaut im neuen Bunde?
Wo lebst du, Heiland? Uns entfernt,
Furchtsam gegrüßt im Herzensgrunde.

Hat eines Bischofs strenge Hand
Dich eingepreßt zum Kirchenschlafe
In des Gesangbuchs schwarzen Band
Als Lebensschreck, als Jugendstrafe?

Wie ward die Predigt lehrhaft, lang;
Wo blieb des Sieges Jubilieren?
Wer hört im Orgeltastengang
Noch Engelstimmlein musizieren?

O komm mit Brausen, heiliger Geist,
Komm, Flamme, singende, rasche,
Und sprenge die Grüfte, und wecke zumeist
Der Lebenden Herzensasche.

Nimm fort des Kirchenstaubes Schicht
Von den frischen, den ewigen Lehren,
Dann kämen die Kinder mit frohem Gesicht,
Wir Alten mit neuem Begehren.

Wir kämen zur Kirche jahrein, jahraus
Mit Danken und Händefalten,
Bald würde der Heiland in jedem Haus
Von neuem sein Gastmahl halten.

Dann wäre die Lebenssaat bestellt
Auf ewiges Wohlgeraten,
Du wärest, o Deutschland, vor aller Welt
Der reichste, der beste der Staaten.

Komm singend, du großer Wendetag,
Erst leise, gleich Nachtigallen,
Dann brich in den Grund, was nicht weichen mag,
Mit brausendem Tubaschallen.

Bring einen Hoffnungslenz herbei
Den Herzen der Geringsten,
Und leg den verzäunten Himmel frei;
Komm, fröhliches, seliges Pfingsten.

Feldeinwärts.

Dort, wo durch Felder schneidet
Der Gräben Binsenschof,
Ragt rohrdachüberkleidet
Der stattliche Marschenhof.

Den Dachfirst, in gastlichem Zeichen,
Bekrönt ein Storchennest,
Den Giebel beschirmen Eichen
Vor Blitzschlag und Westnordwest.

Das Gärtlein hinter den Scheunen
Steht duftend, sonnenwarm,
Darüber, in wohligem Streunen,
Zieht summend ein Bienenschwarm.

Es wogen, es rauschen die Wiesen;
Von Grasflut halb versteckt,
Hinwaten, gleich schlaftrunknen Riesen,
Marschkühe, bunt gescheckt.

Doch über die fruchtbaren Felder
Zieht schweigsame Werktagsfron,
Dort ruhen gewichtige Gelder,
Versenkt von Vater zu Sohn.

Der Erde Soll und Haben
Verbrüdert Herrn und Knecht;
Das feierliche Graben
Ist Lust dem Marsengeschlecht.

Sie sind vom Sachsenstamme,
Sie schauen nicht gern vom Pflug
Zur Sonne, der wandernden Flamme;
Die Heimat beut Glücks genug.

Kraft und Sehnsucht.

Mein ist ein altes Bibelblatt,
Drauf Zitterhand geschrieben hat:
Rote Rosen pflückt der Wind,
Erste Liebe — o weh, mein Kind.

Der starke Mann, des Lebenskraft
Sich und den Seinen Brot verschafft,
Der zielbewußt, mit Schwielenhand,
Das Eisen glüht dem Vaterland,
Vernimmt den Spruch mit Lachen:
Zum Kehricht mit dem Schwachen!
Was nicht im Leben kernhaft steht,
Ist wert, daß es zugrunde geht,
Nur der Erfolg voll Klang und Schlag
Schafft Recht auf Lohn und Feiertag;
Wollt' ich um Nichterfülltes trauern,
Mög' mir der Trunk im Glas versauern.

Mein Freund, es gibt ein Lebensgrün,
Das wächst nicht bei der Esse Sprühn;
Es walten über dem Arbeitstag
Viel Kräfte, davon dir kaum träumen mag,
Geheimnisvoll entrückt der Zeit,
Von Gott zu heimlichem Dienste geweiht.
Es zog für deinen Lebenssieg
Vielleicht ein andrer in den Krieg,
Ein andrer, der nicht wiederkam

Und dessen Weib verstarb in Gram.
Um deinen Hammer, der gleißt und vollbringt,
Ein feiner Lebenszugwind singt
Das leise mahnende Vermerken
Von fremden, zersprungenen Lebenswerken;
Es halfen, dir Siegendem, zum Vollbrachten
Oft fremde, verlorene Lebensschlachten,
Den Hammerkeil, den Eisenklopfer,
Hebt nur des Holzscheits Funkenopfer;
Es kann kein Werk durch Kraft bestehn,
Die Sehnsucht muß im Bunde gehn.
Die Heimatkunst voll Glanz und Ruß,
Verschmäht sie Höhenreisen,
Bleibt fehlgeglühtes Eisen,
Verzischend im Eimerguß.
Gilt nur die Kraft als Zukunftswert
Und sinken der Sehnsucht Flammen,
Bricht unrettbar am Arbeitsherd
Das stärkste Volk zusammen.

Um uns nach Gottes Ratschluß ruht
Des Unerfüllten Segensgut,
Das Walten ist's des Ungebornen,
Des Unerreichten, früh Verlornen;
Das zieht im Silbersichelschnitt
Durch unsre Blumengärten mit,
Es blitzt in unsren Weingeländen
Manch Winzermesser aus Schattenhänden,
Es banden unsre goldnen Garben

Getreue Helfer, die früh verstarben,
Fern über den Strömen, darauf wir schwimmen,
Viel bunte, zitternde Lichtlein glimmen.
Das sind die sehnenden Heimatsgedanken
Der Herzen, die früh im Strom ertranken.
Des Unerfüllten tiefe Macht
Hält über unserm Liebsten Wacht,
Um unsrer Kinder Haupt und Leben
Beschirmend gute Geister schweben
Von Menschen, die einst in fremden Landen
Gestorben sind und das Glück nicht fanden.
So nimmt an unsern Gütern teil
Ein hütendes, ein fremdes Heil.
Es eilt ein Glück, das sich verlor,
Das unerfüllt, zu Gott empor,
Und neugeboren steigt es nieder
Ans Herz, im heiligen Kehrwieder.
So schließt der Sehnsucht Strahlenschwinge
Um Gott und uns die goldnen Ringe,
Hoch über dem Leben sollst du hören
Ein fernes Brausen von Engelchören.

Rote Rosen, junges Grün
Pflückt der Sturm dem Auferblühn.
Kraft auf Erden kündet Krieg,
Braust um Türme, ruft zum Sterben;
Über Schutt und Lebensscherben
Leuchtet Sehnsucht uns zum Sieg.

Der säumige Landsknecht.

Der Trommler schlägt Parade,
Die Seidenfahnen wehn,
Nun heißt's auf Glück und Gnade
Marschieren gehn.

Das Korn reift auf den Feldern,
Es schnappt der Hecht im Strom,
Der Wind streicht heiß durch Geldern
Hinauf gen Berg op Zoom.

Wer weiß, wer dort den Himmel,
Wer hier das Feld gewinnt —
Herab vom Fliegenschimmel
Grüßt Herr Carolus Quint.

Wir schlucken Staub beim Wandern,
Uns hängt der Säckel hohl,
Der Kaiser schluckt ganz Flandern,
Bekommt ihm ewig wohl.

Er weilt beim Länderschmause,
Bis er die Welt erwürb';
Mir lebt ein Lieb zu Hause,
Das weinte, wenn ich stürb'.

Schleswig-Holstein.

Es liegt im Torfrauch blaßerhellt
Die Marsch, die stoppelgelbe,
Von fremder Dampfer Bord ergellt
Signalruf über der Elbe.

Dort ragt ein räumiges Scheunentor,
Beschirmt von trotzigen Eschen,
Hoch türmt sich Weizenstroh davor,
Die Knaben lernen das Dreschen.

Ihr Auge blitzt, die Wange lacht
So frisch wie Milch und Rosen;
Wenn's einmal unten im Westen kracht,
Dann dreschen wir die Franzosen.

An Arnold Böcklin.

Aus Myrtenhainen, wildverschlungnen, heißen,
Bricht Flötenschall, rauscht auf ein Taubenflug,
Und hell ins Land, mit Hufgeblitz und Gleißen,
Wälzt sich, frohlockend, ein Erobrerzug.
Zentaurenvolk, rauh lachend, raubbeladen,
Auf breitem Bug lustjauchzende Najaden,
Rasch hinterdrein, im Pantherfell, Bacchanten,
Der Weinschlauch quillt von purpurfarbnem Seim,
Von tausend Lippen, jungen, lenzentbrannten,
Steigt Jubelruf: Die Götter kehren heim.
Beladen schwankt der Dionysoskarren,
Im Wespenschwarm, schweifpeitschend, stürmen Farren,
Ins Muschelhorn stößt laut der große Pan.
Heimkehr, gewalt'ge, ward der Welt beschieden,
Taucht aus den Syrten, blonde Nereiden,
Für Hellas brach ein Siegesmorgen an.
Ein Schönheitssturm in leuchtendem Gefieder
Braust durch die Welt, die Götter kehren wieder.

Dies, Meister, war das Werk, das du getan.
Du trugest heim in eine Welt voll Trauer
Der Griechenschönheit Offenbarungsschauer,
Du gabst der Kunst, im Zeichen jungen Ruhms,
Zurück den Lichtbrand des Hellenentums,
Du riefest Lenze, die voll Glanz und Dauer.

Ein Grabmal — dir? Du schufst es selber weiland.
Wer sah es nicht im Wachen und im Traum,
Dem Meer entsteigt ein dunkles heil'ges Eiland,
Von Sturm umraunt, umkost von Wellenschaum.
Dort flüstert ihr, schwarzschattende Zypressen,
Dem Schläfer zu: Gestorben — nicht vergessen.
Dort wird die Welt, wo Sehnsuchtsländer blau'n,
Von Jos Meer in ew'gem Lenz umtrieben
Dir Tempel weihen, die nur jungem Lieben
Und großen Toten wir erbau'n.

Wissen und Wandern.

Will einmal noch gehen,
Mein lustiges Kind,
Im Sommerwind
Mit dir durch die blühenden Schlehen.

Du möchtest von Liebe sprechen;
O, lachte die Jugend mir heiß,
Und wüßt' ich nicht, was ich weiß:
Wir wollten viel Blüten brechen.

Wie reich sind des Lebens Auen,
Wie wonnegroß!
Doch denen fiel dunkles Los,
Die nur gewandert im Schauen.

Wer kann offenbaren,
Wohin mancher Traum,
Wohin vom prangenden Lebensbaum
Der Blätter viele gefahren?

Wer kann benennen
Die große Qual,
Wer kann die Zahl
Verlorener Herzen kennen?

Laßt uns getröstet ziehen,
Sieh, über uns erstehn,
Erfüllen sich, vergehn
Prophetenmelodieen.

Frag nicht! Im Windestosen
Gib mir zum Wegesschluß
Einen tiefen Kuß,
Voll Hoffnung, voll Traum und voll Rosen.

Valet.

Mein Herz will schlafen gehen.
Wohl über den Wäldern weit,
Wo fremde Berge stehen,
Wird meine Spur verwehen,
Geb' Gott ihr still Geleit.

Welch' Pfade sind gegangen
Die Liebchen blond und zart?
Wie schnell zog über Wangen,
Die einst voll Schönheitsprangen,
Der Schmerz die Pflügerfahrt!

Die Freunde, die getrunken
Mit mir vom Rebensaft:
Wie schnell versprüht, versunken
Sind die Begeistrungsfunken
Der Wegesbrüderschaft!

Ob Muttertränen geflossen,
Gesprochen manch Reugebet —
Die meisten sind Raub der Gossen,
Die besten vor Straßburg erschossen,
Und alle vergessen, verweht.

Die Pfade verstaubt, verloren,
Drauf Rosenpracht einst stand;
Manch Lied, aus Jubel geboren,
Vor steinernen Herzen und Toren
Verklungen, verschollen im Land.

Bald über den Feuerherden
Von Lust und Lebensspiel
Singt Sturm vom Abschied auf Erden.
Ach wieder ein Kind zu werden
Ist tiefes, heiliges Ziel.

Ich hab' einen schlichten Psalter,
Voll leisem Lavendelduft,
Das ist ein Lebenserhalter;
Aus ihm, trotz Staub und trotz Alter
Steigt Auferstehungsluft.

Dies Buch will ich mir loben,
Es kennt nicht Zeit noch Tod;
Die Freunde, die Liebsten verstoben,
Erwachen einst treuer dort oben,
Im frischen Morgenrot.

Und muß zu Grab ich ziehen,
Kein Grab ist gottentfernt;
Bald ist der Tag gediehen,
Da Jubelmelodieen
Auch mein Mund singen lernt.

Die schwarzen Wolken grollen;
Ein Schiff zieht durch die Zeit
Mit Segeln, sturmgeschwollen,
Zu Küsten, tempelvollen.
Mein Herz, sei fahrtbereit.

Allerseelen.

Ein zarter Duft von letzten gelben Rosen
Zieht durch den Park. Des Herbsttags leiser Flimmer
Umspinnt das Haus; vor deinem Gartenzimmer,
Im Sonnengolde, starren Skabiosen.

Käm' jener Duft aus deinem blonden, losen
Geliebten Haar, stieg' deines Lachens Schimmer
Mit süßem Laut noch einmal, wie einst immer,
Aus Gartentiefen, dunklen, regungslosen.

Dürft' ich noch einmal jenem Goldklang lauschen,
Kämst du zurück, gleich Kindern, wegesmüden,
Die weit gewandert in die Sonntagsferne —

Es war ein Traum. Die Kirchhofslinden rauschen
Auf deinem Grab; du weilst im ew'gen Süden,
Und über mir stehn groß der Sehnsucht Sterne.

Osterwasser.

Der starke Frühling bläst mit Macht
Die Sturmposaune vor sich her,
Die Tauflut schwillt, die Scholle kracht,
Im Strome wankt das Mühlenwehr.

Wildschwäne segeln übers Land,
Mit heimwehstarkem Schwingenstreich,
Befreit, am bunten Wiesenstrand,
Die braunen Wellen bricht der Teich.

Laß schmelzen, Herz, was schmelzen soll,
Des Zweifels letzten Schollenrest,
Und trag dein Hoffen, jubelvoll,
Empor zum ew'gen Frühlingsfest.

Brausender Lenzwind.

Aus Süden braust der Wind heran,
Läßt Schnee, läßt Schollen tauen,
Es wellt der See, die Saat hub an
Zartgrün zum Licht zu schauen.
Kosewind, der vom Werden spricht,
Tosewind, der auf Erden bricht
Dunkles Eis im Gemüte,
Lege zu Grabe, was morsch, was still,
Segne, was leben, was rauschen will,
Fülle den kümmernden Herzensschrein
Tief mit Schönheit, mit Sonnenschein,
Streif uns, die Pflüger im Arbeitstag,
Mit der Ewigkeit Fittichschlag,
Künde: Des Wollens Kummersaat
Wächst durch Glauben zur Kraft, zur Tat;
Herz, weil du bangst, Herz, weil du weinst,
Wirst du jubelnd schauen dereinst
Lenze voll ewiger Blüte.

Legende.

Vom Dreißigjährigen Krieg berannt,
Das Deutsche Reich lag leergebrannt.

Verkohlte Mühlen, Schutt und Stein,
Dazwischen bleichendes Pferdegebein,

Rauch, Kirchenschatzung, Heeresstaub,
An jedem Hohlweg Mord und Raub,

Das Brachland wüst und unbestellt —
Zwei Wandrer schritten, stumm gesellt.

Gelb stob wie Flammensaum ihr Haar;
Sankt Gabriel der eine war.

Sankt Michael der andre hieß,
Sein Hüftschwert kurzes Glänzen stieß.

Der erste sprach: Herr, röte.
Der zweite sprach: Herr, töte.

Töte den Werwolf, den Zwietrachtsgeist,
Der Deutschland in blutende Stücke reißt.

Röte die Wangen vor Grimm und Scham,
Daß in Deutschland abhanden die Treue kam.

Da hob sich am Weg in zerschossenem Wams
Ein sterbender Landsknecht schwäbischen Stamms;

Der rief: Ihr Herren sprecht törlich drein,
Mit euch wird nicht zu rechten sein.

Viel lieber in Deutschland Schmach und Not,
Als in der Fremde weißes Brot.

Ich müßte zehnmal zugrunde gehn
Und würde zehnmal auferstehn,

Ich riefe von frischem alsogleich:
Gott segne, Gott schütze das Deutsche Reich.

Aus alter Zeit.

Gruß dir, o Weihnachtsgabe,
Schatz voll Geheimnisspruch,
Den einst empfing der Knabe,
Gruß dir, mein Märchenbuch.

Im Winkel mit heißem Gesichte
Den Schatz ich zu heben begann,
Indes von der Christbaumfichte
Das letzte Wachslicht rann.

Und unter Tannenzweigen
Voll Duft und Flitterflor
Stieg mir in seligem Schweigen
Ein Offenbaren empor,

Das erste, das heil'ge Gemahnen
An Dichtung, an Melodie,
Ein schauerndes Erstlingsahnen
Des Glückes, das reich gedieh.

Was später ich stürmend und staunend
Ermessen im Lebenslauf,
Wuchs flüsternd und frühlingsraunend
Aus schaurigen Märchen herauf.

Dort hetzte vor fliegender Meute
Ein Ritter im Stahlgewand
Ein weißes Reh als Beute,
Bis er im Irrwald stand.

Dort hausten die Drachen mit Schnappen,
Dort herrschte des Unrechts so viel,
Daß mir auf die Bildermappen
Des Ingrimms Träne fiel.

Der Ritter griff wetternd zum Schwerte,
Wollt' alles werfen zugrund;
Je wilder er einhieb und wehrte,
Sich selbst nur schlug er wund.

Der Ritter wollte nicht weichen,
Er schlug mit letzter Gewalt
Ein Kreuz — da stand in den Eichen
Vor ihm eine Huldgestalt.

Sie sprach: Es sei dir gewiesen
Der Weg aus Waldesnacht;
Ich scheuchte die Hexen, die Riesen,
Hab' alles zu Glück gebracht.

Da wußt' ich, es ward vergeben
Der Ritt nach dem weißen Reh;
Der Irrwald war das Leben,
Der Ritter fand seine Fee.

Nun lehnt in späten Jahren
Mein Weib an mir, im Traum,
Und Kinder blond von Haaren
Umjubeln den Lichterbaum,

Die Feierglocken klingen
Tief durch die heilige Nacht;
O Herr, mein kleines Vollbringen,
Du hast es groß gemacht.

Novembersonne.

Noch einmal flammt die Sonne müd' und hold
Auf dieses Gartens still verschlungnen Wegen;
Wildschwäne segeln fernem Lenz entgegen,
Es starrt die Welt in leisem Abschiedsgold.

Die Nelken blühn mit heißem Duftgelüst
Dem Sommer nach, der früh vorbeigegangen,
Und Astern stehn am Weg in buntem Prangen
Dort, wo sich einst zwei Herzen lang geküßt.

Auf Menschen, die vergessen nicht gekonnt
Den Jugendtraum, den ersten, hoffnungskühnen,
Senkt oftmals sich solch süßes, spätes Grünen,
Daß Kindern gleich sie wandern, glückumsonnt.

Sie spüren, tief, im Offenbarungsglanz,
Ein ew'ges Rauschen ihrer Jugendbronnen,
Ein ew'ges Leuchten ihrer Liebessonnen;
Doch Dichtern nur winkt solch Verheißungskranz.

Ferne Stimmen.

Der Garten der Klosterfrauen
Im Mittagsglanze liegt,
Von Ulmen, von silbergrauen
Linden in Schlaf gewiegt.

Es wuchern Wildwein und Klette
Heiß um die Klosterwand,
Drin singen die Nonnen zur Mette,
Ein Nelkenduft wandert durchs Land.

Im Sonnengold verrinnen
Die heiligen Melodien,
Das blonde Haupt dort drinnen
Senkt eine der Büßerinnen;
Sie hat mir längst verziehn.

Auf letzten Bergen.

Ein Bergzug von wildem Gemäuer
An südlichem Meere ragt,
Darüber blinkendes Feuer
Allnächtlich ein Leuchtturm jagt.

An jene Felsenschranke
Wirft, haltlos, der Ozean
Manch golddurchzimmerte Planke,
Manch morschen Hoffnungskahn.

Das ist Berg Lebensende,
Kap Finisterr' genannt,
Dort flutet, in Augenblende,
Das Weltmeer in Wechsel und Wende
Zu Küsten unbekannt.

An steiler Absturzstelle
Auf Trümmern von braunem Basalt
Winkt eine Gedächtniskapelle
Als Gruß und letzter Halt.

Es schirmen buntdüstre Scheiben
Ein Bildnis, goldumstrahlt,
Das hat zu Sein und zu Bleiben
Ein fahrender Künstler gemalt.

Barhäuptig steht ein Ritter,
Hält Harfe, hält Eisenschild;
Ein Himmel voll Sturm und Gewitter
Verdämmert tief im Bild.

Den Ritterfuß umzingelt
Dampfschnaubend, blutbefleckt
Ein Drache, sprunggeringelt,
Vom Schwerte hingestreckt.

Des Ritters Augen blinken
Weit in die Ferne hinaus,
Sacht ruht in seiner Linken
Ein dürftiger Ährenstrauß.

In Meißelschrift, erhaben,
Läuft um des Bildes Rand
Der Spruch, aus Stein gegraben:
„Ich fall' in Gottes Hand.

Ich hab' mein Schwert geschwungen
Hoch über den Drachen der Zeit,
Es fuhr mit feurigen Zungen
Mein Lied zur Ewigkeit;

Ich brach mein Brot den Armen,
Den Schwachen schuf ich Lehn,
Gib, Herr, auch mir Erbarmen,
Gib trostvoll Auferstehn.

Dann rauscht aus Staub und Winden
Ein frischer Sensenstreich,
Dann werd' ich Garben binden;
Herr, dir sei Kraft und Reich."

Frühlingsopfer.

Umbrisches Mädchen, dein düstres Haar
Flattert am heißen Rain,
Deiner Ziegen scheckige Schar
Weidet im Tempelhain,
Flammende Lippen, sprühender Zorn
Sprachen von Abschied heut' —
Hast mir ein heiliges Samenkorn
Tief ins Leben gestreut.

Schmerzend gekeltert in Kerkerhaft
Blutet die Rebe; zum Tausch
Steigen vom Becher in lodernder Kraft
Träume, Vergessenheit, Rausch.
Nur aus berstendem Feuerstein
Zuckt entfesseltes Licht,
Nur aus brechendem Herzensschrein
Flammt ein großes Gedicht.

Rote Rosen, draus duftend quillt
Letzter Freudenrest,
Herzenswünsche, die früh gestillt,
Feiern kein ewiges Fest;
Dich nur, heiligem Opfertag
Eingesenktes Gut,
Hebt des Ruhmes Triremenschlag
Leuchtend aus finstrer Flut.

Junge Liebe, die sattgeküßt,
Sinkt in die rauschende Zeit,
Nur unstillbares Strahlengelüst
Findet Unsterblichkeit.
Lieder, deren goldnem Strom
Schmerz sich beigesellt,
Tragen ihr bittres Lorbeerarom
Sieghaft durch Zeit und Welt.

Tief, wo Götter an lauschigem Ort
Teilten den Liebesraub,
Schläft ein Dichter. Sein Geist lebt fort,
Goldend den umbrischen Staub.
Mädchenlippen und Meeresschaum
Logen ihm rinnendes Glück,
Er doch sang den verschollenen Traum
Seinem Jahrtausend zurück.

Deiner Liebe Seelenblut
Schenktest du Stolze nie,
Ließest mir dennoch dein Ahnengut,
Weltflucht, Elegie.
Leih mir den letzten, den herrlichsten Flug,
Herbe Göttergestalt,
Laß meines Lebens Aschenkrug
Bersten vor Sehnsuchtsgewalt.

Deine Lippen küßt' ich nicht;
Was du Bestes hast,
Trauer, Schwermut, Liebesverzicht,

Gabst du deinem Gast.
Wandre heimwärts, unberaubt ...
Lächle, doch an mein Herz
Einmal noch bette dein träumend Haupt,
Tochter des Properz.

Trost.

Das Trauern gib auf
Um verfehlten, verlorenen Lebenslauf,
Es bleibt kein Suchen vergebens.
Dereinst kommt Kraft;
Das Wollen schafft
Vollendung ewigen Lebens.

Was sehnend erdacht,
Ob nie vollbracht,
Nicht sinkt es zum Unerfüllten.
Im Marmorblock
Schläft das Sonnengelock
Der Schönheit, der sacht verhüllten.

Ein Meißelschlag,
Ein durchfieberter Tag
Kann deinen Tempel bauen.
Der Nebel weicht,
Noch heut' vielleicht
Wirst Gott du schauen.

Weihnachtsläuten.

Über dem Brausen der großen Stadt
Schwingen die Glocken voll und matt,
Hier mit dröhnendem dumpfen Schlagen,
Dort vom Winde verwirrt, vertragen;
Über Giebel und Gassen fern
Rufen die Klänge: Lobt Gott den Herrn.
Flute herab von Dach und Turm,
Heilige Weihnacht, im Gebersturm.
Treuer Arbeit gib allerwegen
Trotziges Trauen auf Gottes Segen;
Wolle des Lebens häßlichste Lücken,
Willkür und Selbstsucht, mild überbrücken.
Männer gib uns und Wahrheitszeugen,
Die vor Gott nur den Nacken beugen.
Gib den Kanzelherr'n zumeist
Kurze Predigt voll Frühlingsgeist,
Gib den Herzen der Hörer ringsum
Tätiges Evangelium.
Durch Gefängnis und Krankenräume
Trage silberne Lichterbäume,
Zünde dem ärmsten, verlorensten Mann
Helle Hoffnungszeichen an;
Gib uns das höchste Weihnachtsglück,
Gib unserm Volke den Glauben zurück.

Über Giebel und Gassen fern
Läutet ihr Glocken: Lobt Gott den Herrn;
Über den Dächern tief verschneit
Läutet dem Leben zur Ewigkeit.

Ver sacrum.

Wir saßen am Strande der Syrten,
Es rollte und grollte das Meer,
Ein Duft von Narden und Myrten
Zog tief aus Süden her.

Die Wellen brausen und funkeln,
Doch bäumt sich mein Herz vor Weh,
Wenn ich das große Verdunkeln
Unsres Lebens seh'.

Wir haben die weißen Paläste
Der Träume hochgetürmt,
Wir haben, zwei jubelnde Gäste,
Den Himmel des Glücks erstürmt.

Das mahnt mich an sündige Städte
Voll Lichtgewirr und Samt,
Wo reich aus goldnem Geräte
Der Weihrauch der Lust geflammt.

Da wurde vergeudet, zerrüttet
Der Arbeit Segenstat,
Da wurde der Weizen verschüttet,
Der Jugend heilige Saat.

Da wurde von trunkener Zunge
Manch Hosianna gelacht,
Bis plötzlich mit Raubtiersprunge
Einbrach die Flut bei Nacht.

Versunken im rächenden Meere
Die Städte hochbenannt,
Die Tempel, drin einst Cythere
Im thyrsischen Reigen stand,

Verschwunden die Marmorlöwen,
Die Meisterhand einst schuf —
Nur weiße, raublüsterne Möwen
Kreisen mit hungrigem Ruf.

Die Stadt voll Tempeln und Türmen,
Darüber die Wellen ziehn,
Ist unsre Jugend, in Stürmen
Versunken, wie einst Julin.

Wir wollen vom Haupt uns streifen
Der Kränze sengenden Saum,
Das fiebernde Lustergreifen,
Den großen Griechentraum.

Wir wollen die Hand erfassen
Des Schiffsherrn von Nazareth,
Der, wenn die Sterne verblassen,
Nachtwandelnd auf Meeren geht,

Der tief in Wellen und Winden
Verlorenen Stimmen lauscht,
Um Städte wiederzufinden,
Darüber die Sündflut gerauscht,

Der aus dem brausenden Leben,
Drin unser Gut verscholl,
Versunkene Tempel heben
Und neu durchgöttern soll.

Kolibri 360 GmbH
Ferdinand-Jühlke-Straße 7
99095 Erfurt, Deutschland
produktsicherheit@kolibri360.de